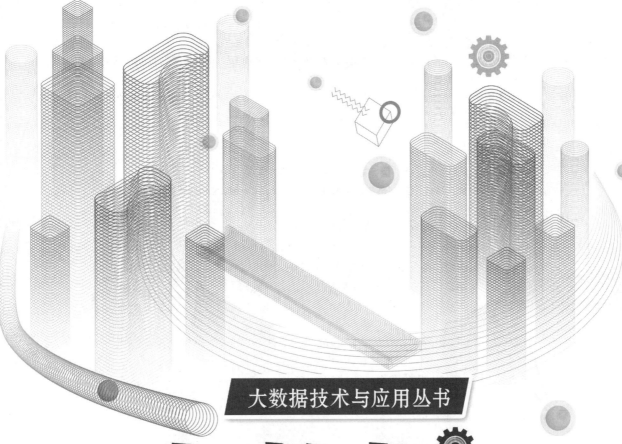

大数据技术与应用丛书

大数据
项目实战

黑马程序员 / 编著

清华大学出版社
北京

内 容 简 介

本书讲解了一个大数据综合项目——招聘网站职位分析。全书共分为6章，内容分别是项目概述、搭建大数据集群环境、数据采集、数据预处理、数据分析与数据可视化。

本书附有配套资源，包括源代码、教学设计、教学课件等资源。同时为了帮助初学者更好地学习本书内容，还提供了在线答疑，欢迎读者关注。

本书适用于高等院校本、专科计算机相关专业大数据项目实训课程的教学，书中的具体项目，有助于读者综合运用大数据课程知识及各种工具软件，实现大数据分析全流程操作。

本书封面贴有清华大学出版社防伪标签，无标签者不得销售。
版权所有，侵权必究。举报：010-62782989，beiqinquan@tup.tsinghua.edu.cn。

图书在版编目（CIP）数据

大数据项目实战/黑马程序员编著. —北京：清华大学出版社，2020.3（2024.7重印）
（大数据技术与应用丛书）
ISBN 978-7-302-55093-8

Ⅰ.①大… Ⅱ.①黑… Ⅲ.①数据处理 Ⅳ.①TP274

中国版本图书馆 CIP 数据核字（2020）第 044514 号

责任编辑：袁勤勇　薛　阳
封面设计：韩　冬
责任校对：梁　毅
责任印制：曹婉颖

出版发行：清华大学出版社
网　　址：https://www.tup.com.cn，https://www.wqxuetang.com
地　　址：北京清华大学学研大厦A座　　　　　邮　编：100084
社 总 机：010-83470000　　　　　　　　　　　邮　购：010-62786544
投稿与读者服务：010-62776969，c-service@tup.tsinghua.edu.cn
质量反馈：010-62772015，zhiliang@tup.tsinghua.edu.cn
课件下载：https://www.tup.com.cn，010-83470236

印 装 者：北京同文印刷有限责任公司
经　　销：全国新华书店
开　　本：185mm×260mm　　　　印　张：9.75　　　　字　数：227千字
版　　次：2020年3月第1版　　　　　　　　　　　印　次：2024年7月第10次印刷
定　　价：39.00元

产品编号：086423-03

序 言

本书的创作公司—江苏传智播客教育科技股份有限公司(简称"传智教育")作为第一个实现 A 股 IPO 上市的教育企业,是一家培养高精尖数字化专业人才的公司,公司主要培养人工智能、大数据、智能制造、软件、互联网、区块链、数据分析、网络营销、新媒体等领域的人才。公司成立以来紧随国家科技发展战略,在讲授内容方面始终保持前沿先进技术,已向社会高科技企业输送数十万名技术人员,为企业数字化转型、升级提供了强有力的人才支撑。

公司的教师团队由一批拥有 10 年以上开发经验,且来自互联网企业或研究机构的 IT 精英组成,他们负责研究、开发教学模式和课程内容。公司具有完善的课程研发体系,一直走在整个行业的前列,在行业内竖立起了良好的口碑。公司在教育领域有 2 个子品牌:黑马程序员和院校邦。

一、黑马程序员—高端 IT 教育品牌

"黑马程序员"的学员多为大学毕业后想从事 IT 行业,但各方面条件还不成熟的年轻人。"黑马程序员"的学员筛选制度非常严格,包括了严格的技术测试、自学能力测试,还包括性格测试、压力测试、品德测试等。百里挑一的残酷筛选制度确保了学员质量,并降低了企业的用人风险。

自"黑马程序员"成立以来,教学研发团队一直致力于打造精品课程资源,不断在产、学、研 3 个层面创新自己的执教理念与教学方针,并集中"黑马程序员"的优势力量,有针对性地出版了计算机系列教材百余种,制作教学视频数百套,发表各类技术文章数千篇。

二、院校邦—院校服务品牌

院校邦以"协万千名校育人、助天下英才圆梦"为核心理念,立足于中国职业教育改革,为高校提供健全的校企合作解决方案,其中包括原创教材、高校教辅平台、师资培训、院校公开课、实习实训、协同育人、专业共建、传智杯大赛等,形成了系统的高校合作模式。院校邦旨在帮助高校深化教学改革,实现高校人才培养与企业发展的合作共赢。

(一)为大学生提供的配套服务

1. 请同学们登录"高校学习平台",免费获取海量学习资源。平台可以帮助高校学生解决各类学习问题。

高校学习平台

2.针对高校学生在学习过程中的压力等问题,院校邦面向大学生量身打造了IT学习小助手——"邦小苑",可提供教材配套学习资源。同学们快来关注"邦小苑"微信公众号。

"邦小苑"微信公众号

(二)为教师提供的配套服务

1.院校邦为所有教材精心设计了"教案+授课资源+考试系统+题库+教学辅助案例"的系列教学资源。高校老师可登录"高校教辅平台"免费使用。

高校教辅平台

2.针对高校教师在教学过程中存在的授课压力等问题,院校邦为教师打造了教学好帮手——"传智教育院校邦",可搜索公众号"传智教育院校邦",也可扫描"码大牛"老师微信(或QQ:2770814393),获取最新的教学辅助资源。

码大牛老师微信号

三、意见与反馈

为了让教师和同学们有更好的教材使用体验,您如有任何关于教材的意见或建议请扫码下方二维码进行反馈,感谢对我们工作的支持。

前　言

为什么要学习本书

招聘网站分析系统是基于大数据离线处理技术完成的。大数据离线处理具有以下几个特点：数据量巨大且保存时间长；在大量数据上进行复杂的批量运算；数据在计算之前已为最终数据，不会发生变化；方便查询批量计算的结果；相比较于在线数据处理，离线处理相对较为成熟，通常是利用 HDFS 存储数据，MapReduce 做批量计算，将计算完成的数据存储在 Hive 数据仓库中。对于想从事大数据行业的开发人员来说，学好大数据离线处理流程尤为重要。

本书通过 Hadoop 生态系统完成大数据离线处理，从系统的开发流程角度展开内容，在流程中的每个环节通过对理论知识和实际代码的讲解，使难以理解的原理变得通俗易懂，有利于读者充分地掌握大数据离线处理相关流程。

关于本书

作为大数据实训项目的教程，最重要且最难的一件事情就是将一些复杂、难以理解的思想和问题简单化，让初学者能够轻松理解并快速掌握大数据项目的开发流程。本教材对大数据项目开发过程的每个环节都进行了深入讲解，使读者由浅入深地了解每个环节的知识内容。

本书共分为 6 章，各章内容如下。

第 1 章主要介绍项目开发的基本情况，包括项目需求、项目目标、项目预备知识、项目架构设计、技术选取、开发环境、开发工具以及开发流程。通过本章的学习，读者能够明确项目需求、了解项目开发相关环境以及流程。后续将基于本章介绍的项目情况进行项目的开发。

第 2 章主要讲解大数据集群环境的搭建，包括 Hadoop、Hive、Sqoop、MySQL 和 Linux 虚拟机及安装，并通过相关技术的基础操作实现集群环境的测试。通过本章学习，读者可掌握独立搭建大数据集群环境的技能，同时对相关技术的基础操作有初步了解。

第 3 章主要介绍数据采集，将本章分为三部分内容，详细讲解网页数据采集。首先需要读者了解网页数据采集相关知识内容。接下来讲解编写网页数据采集程序的流程，包括分析网页数据结构、准备环境等内容。最终，通过 Java 编程语言完成网页数据采集程序，并将采集的数据存储到 HDFS 上。

第 4 章主要讲解数据预处理，通过分析预处理数据和设计数据预处理方案实现数据预处理程序。本章的学习内容主要包括实现数据预处理程序的流程和 MapReduce 程序的运行与编写。通过本章的学习，读者可以掌握利用 MapReduce 分布式处理框架进行数据预处理的技巧，熟悉数据预处理的流程。

第 5 章主要讲解通过 Hive 做数据分析的相关知识。首先介绍数据分析和 Hive 作为数据仓库的特点。然后介绍数据仓库的实现流程，从数据仓库的设计到使用 HQL 实现数据仓库。最后通过 HQL 对数据进行分析。通过本章学习，读者将掌握 HQL 创建数据仓库和数据分析的相关操作。

第 6 章主要讲解数据可视化，使用 SSM 框架（Spring、Spring MVC 和 MyBatis）、JQuery 和 ECharts 图表库等网页开发技术对数据分析结果进行可视化展示。通过本章学习，读者将掌握开发网页应用的总体流程，在网页中以图表形式对分析结果进行可视化呈现。

致谢

本教材的编写和整理工作由传智播客教育科技股份有限公司教材研发中心完成，主要参与人员有高美云、文燕、张明强等，全体参编人员在近一年的编写过程中付出了许多辛勤的汗水。除此之外，还有传智播客的六百多名学员也参与到了教材的试读工作中，他们站在初学者的角度对教材提供了许多宝贵的修改意见，在此一并表示衷心的感谢。

意见反馈

尽管我们尽了最大的努力，但书中难免会有不妥之处，欢迎各界专家和读者朋友们来信给予宝贵意见，我们将不胜感激。读者在阅读本书时，如果发现任何问题或有不认同之处，可以通过电子邮件与我们取得联系。请发送电子邮件至：itcast_book@vip.sina.com。

黑马程序员

2020 年 1 月于北京

目　录

第 1 章　项目概述 ·· 1
  1.1　项目需求和目标 ··· 1
  1.2　预备知识 ·· 2
  1.3　项目架构设计及技术选取 ·· 2
  1.4　开发环境和开发工具介绍 ·· 3
  1.5　项目开发流程 ·· 3
  小结 ·· 5

第 2 章　搭建大数据集群环境 ·· 6
  2.1　安装准备 ·· 6
    2.1.1　虚拟机安装与克隆 ·· 6
    2.1.2　虚拟机网络配置 ··· 19
    2.1.3　SSH 服务配置 ··· 25
  2.2　Hadoop 集群搭建 ··· 31
    2.2.1　JDK 安装 ··· 31
    2.2.2　Hadoop 安装 ·· 33
    2.2.3　Hadoop 集群配置 ·· 35
    2.2.4　Hadoop 集群测试 ·· 39
    2.2.5　通过 UI 界面查看 Hadoop
          运行状态 ·· 43
  2.3　Hive 安装 ·· 44
    2.3.1　Hive 的安装模式 ··· 44
    2.3.2　Hive 的安装 ··· 45
  2.4　Sqoop 安装 ·· 49
  小结 ··· 52

第 3 章　数据采集 ··· 53
  3.1　知识概要 ··· 53
    3.1.1　数据源分类 ·· 53
    3.1.2　HTTP 请求过程 ·· 54

3.1.3　认识 HttpClient ·· 57
　3.2　分析与准备 ··· 57
　　　3.2.1　分析网页数据结构 ·· 57
　　　3.2.2　数据采集环境准备 ·· 59
　3.3　采集网页数据 ·· 62
　　　3.3.1　创建响应结果 JavaBean 类 ···································· 62
　　　3.3.2　封装 HTTP 请求的工具类 ····································· 63
　　　3.3.3　封装存储在 HDFS 的工具类 ·································· 68
　　　3.3.4　实现网页数据采集 ·· 70
　小结 ··· 72

第 4 章　数据预处理 ·· 73

　4.1　分析预处理数据 ··· 73
　4.2　设计数据预处理方案 ··· 75
　4.3　实现数据的预处理 ·· 76
　　　4.3.1　数据预处理环境准备 ·· 76
　　　4.3.2　创建数据转换类 ··· 77
　　　4.3.3　创建实现 Map 任务的 Mapper 类 ····························· 81
　　　4.3.4　创建并执行 MapReduce 程序 ·································· 83
　4.4　将数据预处理程序提交到集群中运行 ······························ 84
　小结 ··· 91

第 5 章　数据分析 ··· 92

　5.1　数据分析概述 ·· 92
　5.2　Hive 数据仓库 ··· 92
　　　5.2.1　什么是 Hive ·· 92
　　　5.2.2　设计 Hive 数据仓库 ··· 93
　　　5.2.3　实现数据仓库 ·· 95
　5.3　分析数据 ·· 99
　　　5.3.1　职位区域分析 ·· 99
　　　5.3.2　职位薪资分析 ··· 100
　　　5.3.3　公司福利分析 ··· 104
　　　5.3.4　职位技能要求分析 ··· 105
　小结 ·· 106

第 6 章　数据可视化 ·· 107

　6.1　平台概述 ·· 107
　　　6.1.1　系统介绍 ·· 107
　　　6.1.2　系统架构 ·· 107

6.2 数据迁移 …………………………………………………………… 108
6.2.1 创建关系型数据库 …………………………………………… 108
6.2.2 通过 Sqoop 实现数据迁移 …………………………………… 110
6.3 平台环境搭建 ……………………………………………………… 112
6.3.1 新建 Maven 项目 ……………………………………………… 112
6.3.2 配置 pom.xml 文件 …………………………………………… 114
6.3.3 项目组织结构 …………………………………………………… 117
6.3.4 编辑配置文件 …………………………………………………… 117
6.4 实现图形化展示功能 ……………………………………………… 123
6.4.1 实现职位区域分布展示 ………………………………………… 124
6.4.2 实现薪资分布展示 ……………………………………………… 128
6.4.3 实现福利标签词云图 …………………………………………… 132
6.4.4 实现技能标签词云图 …………………………………………… 137
6.4.5 平台可视化展示 ………………………………………………… 141
小结 …………………………………………………………………………… 142

第 1 章
项 目 概 述

学习目标

- 掌握项目需求和目标；
- 了解项目架构设计和技术选型；
- 了解项目环境和相关开发工具；
- 理解项目开发流程。

在人力资源管理领域，网络招聘近年来早已凭借其范围广、信息量大、时效性强、流程简单而效果显著等优势，成为企业招聘的核心方式。随着大数据渐渐融入人类社会生活的各个领域，如何使用大数据优化企业招聘管理，提升企业招聘有效性，是值得深入探讨的现实课题。本书将通过一个招聘网站职位分析项目，完整演示如何使用大数据平台对国内大数据职位进行分析。

1.1 项目需求和目标

本项目是以国内某互联网招聘网站全国范围内的大数据相关招聘信息作为基础数据，其招聘信息能较大程度地反映出市场对大数据相关职位的需求情况及能力要求，利用这些招聘信息数据通过大数据分析平台重点分析以下几点。

- 分析大数据职位的区域分布情况。
- 分析大数据职位薪资区间分布情况。
- 分析大数据职位相关公司的福利情况。
- 分析大数据职位相关技能要求情况。

希望通过本项目，能够培养读者以下几方面的能力。

- 掌握 Linux 操作系统的安装和基本操作。
- 掌握 Hadoop 完全分布式集群的安装部署。
- 掌握 HDFS Shell 基本操作命令。
- 掌握基于 Java 语言开发 MapReduce 程序的方法。
- 掌握数据仓库 Hive 的安装及 Hive SQL 的使用。
- 掌握使用 Eclipse 开发 Maven 程序的方法。
- 了解数据预处理的含义。
- 了解 HTTP 相关概念。

- 掌握 Sqoop 安装及数据迁移的使用方法。
- 掌握关系型数据库 MySQL 的安装及使用。
- 掌握基于 SSM 框架进行网站开发的方法。
- 掌握利用 ECharts 进行数据可视化开发的方法。
- 熟悉数据分析系统的架构。
- 掌握数据分析系统的业务流程。

1.2 预备知识

本项目是对大数据知识体系的综合实践,读者在进行项目开发前,应具备下列知识储备。

- 掌握 Java 面向对象编程思想。
- 熟悉大数据相关技术,如 Hadoop、Hive、Sqoop 的基本理论及原理。
- 掌握 HDFS 与 MapReduce 的 Java API 程序开发。
- 熟悉 Linux 操作系统 Shell 命令的使用。
- 掌握 Hadoop、Hive、Sqoop 在 Linux 环境下的基本操作。
- 熟悉关系型数据库 MySQL 的原理,掌握 SQL 语句的编写。
- 了解网站前端开发相关技术,例如 HTML、JSP、JQuery、CSS 等。
- 了解网站后端开发框架 Spring+Spring MVC+MyBatis 整合使用。
- 熟悉 Eclipse 开发工具的应用。
- 熟悉 Maven 项目管理工具的使用。

1.3 项目架构设计及技术选取

在大数据开发中,通常首要任务是明确分析目的,即想要从大量数据中得到什么类型的结果,并进行展示说明。只有在明确了分析目的后,开发人员才能准确地根据具体的需求去过滤数据,并通过大数据技术进行数据分析和处理,最终将处理结果以图表等可视化形式展示出来。

为了让读者更清晰地了解招聘网站职位数据分析的流程及架构,下面通过一张图来描述本项目的架构设计,如图 1-1 所示。

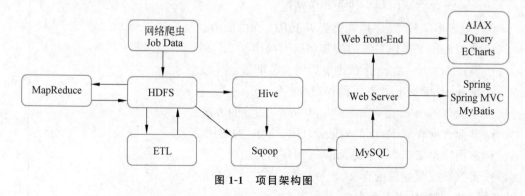

图 1-1 项目架构图

1.4 开发环境和开发工具介绍

为了让读者更好地进行后续学习及项目开发,下面对本项目使用的开发环境和开发工具进行说明,具体如表 1-1~表 1-4 所示。

表 1-1 系统环境

系　　统	版　　本
Windows	10(专业版)或 7(旗舰版)
Linux	CentOS 6.7

表 1-2 开发工具

工　　具	版　　本
Eclipse	jee-neon-3
JDK	1.8
Maven	3.3.9
VMware Workstation	12

表 1-3 集群环境

框　　架	版　　本
Hadoop	2.7.4
Hive	1.2.1
Sqoop	1.4.6
MySQL	5.7.25

表 1-4 Web 环境

框　　架	版　　本
Tomcat	7.0.47
Spring	4.2.4
Spring MVC	4.2.4
MyBatis	3.2.8
ECharts	4.2.1

读者可在本书提供的配套资源中下载使用上述所列的全部软件。

1.5 项目开发流程

项目开发之前,根据项目架构和需求制定合理的开发流程,可以有效提高开发效率。为了完整呈现真实项目开发的场景,本书制定了详细的开发流程,具体如下。

1. 搭建大数据实验环境

（1）Linux 系统虚拟机的安装与克隆。
（2）配置虚拟机网络与 SSH 服务。
（3）搭建 Hadoop 集群。
（4）安装 MySQL 数据库。
（5）安装 Hive。
（6）安装 Sqoop。

2. 编写网络爬虫程序进行数据采集

（1）准备爬虫环境。
（2）编写爬虫程序。
（3）将爬取的数据存储到 HDFS。

3. 数据预处理

（1）分析预处理数据。
（2）准备预处理环境。
（3）实现 MapReduce 预处理程序进行数据集成和数据转换操作。
（4）实现 MapReduce 预处理程序的两种运行模式。

4. 数据分析

（1）构建数据仓库。
（2）通过 HSQL 进行职位区域分析。
（3）通过 HSQL 进行职位薪资分析。
（4）通过 HSQL 进行公司福利标签分析。
（5）通过 HSQL 进行技能标签分析。

5. 数据可视化

（1）构建关系型数据库。
（2）通过 Sqoop 实现数据迁移。
（3）创建 Maven 项目配置项目依赖。
（4）编辑配置文件整合 SSM 框架。
（5）完善项目组织框架。
（6）编写程序实现职位区域分布展示。
（7）编写程序实现薪资分布展示。
（8）编写程序实现福利标签词云图。
（9）编写程序实现技能标签词云图。
（10）预览平台展示内容。

小结

本章主要介绍了项目开发的基本情况,包括项目需求、项目目标、项目预备知识、项目架构设计、技术选取、开发环境、开发工具以及开发流程。通过本章的学习,希望读者能够明确项目需求、了解项目开发相关环境以及流程,后续将基于本章介绍的项目情况进行项目的开发。

第 2 章
搭建大数据集群环境

学习目标

- 了解虚拟机的安装和克隆；
- 熟悉虚拟机网络配置和 SSH 服务配置；
- 掌握 Hadoop 集群的搭建；
- 熟悉 Hive 的安装；
- 掌握 Sqoop 的安装。

搭建大数据集群环境是开发本项目的基础。考虑到学习成本和实际开发场景，本书将通过在虚拟机中构建多个 Linux 操作系统的方式来搭建大数据集群环境。

2.1 安装准备

Hadoop 本身可以运行在 Linux、Windows 以及其他一些常见操作系统之上，但是 Hadoop 官方真正支持的作业平台只有 Linux。这就导致其他平台在运行 Hadoop 时，需要安装其他的软件来提供一些 Linux 操作系统的功能，以配合 Hadoop 的执行。鉴于 Hadoop、Hive、Sqoop 等大数据技术大多数都是运行在 Linux 系统上，因此本项目采用 Linux 操作系统作为数据集群环境的基础。

2.1.1 虚拟机安装与克隆

大数据集群环境的搭建要涉及多台机器，而在日常学习和个人开发测试过程中，这显然是不可行的，为此，可以使用虚拟机软件（例如 VMware Workstation）在同一台计算机上构建多个 Linux 虚拟机环境，从而进行大数据集群环境的学习和个人测试。

接下来将分步骤演示如何使用 VMware Workstation 虚拟软件工具进行 Linux 系统虚拟机的安装配置。

1. 虚拟机的安装和设置

因为 Linux 系统的安装需要通过虚拟软件工具完成，所以需要先下载并安装好 VMware Workstation 虚拟软件工具(此次演示的是 VMware Workstation 12 版本的使用，该工具下载安装非常简单，具体可以查阅相关资料)。安装成功后打开 VMware Workstation 工具，效果如图 2-1 所示。

第 2 章 搭建大数据集群环境

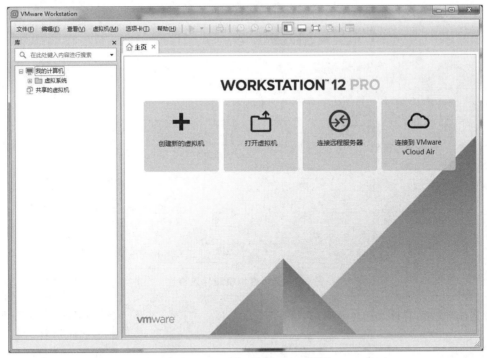

图 2-1 VMware Workstation 界面

（1）在图 2-1 中，单击"创建新的虚拟机"选项进入新建虚拟机向导，在一开始的"类型的配置"界面选择"自定义（高级）"选项，具体如图 2-2 所示。

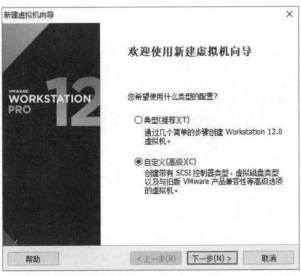

图 2-2 选择配置类型

（2）在图 2-2 中，单击"下一步"按钮进入"选择虚拟机硬件兼容性"界面，在该界面对内容不做更改，具体如图 2-3 所示。

（3）在图 2-3 中，单击"下一步"按钮进入"安装客户机操作系统"界面，选择"稍后安装

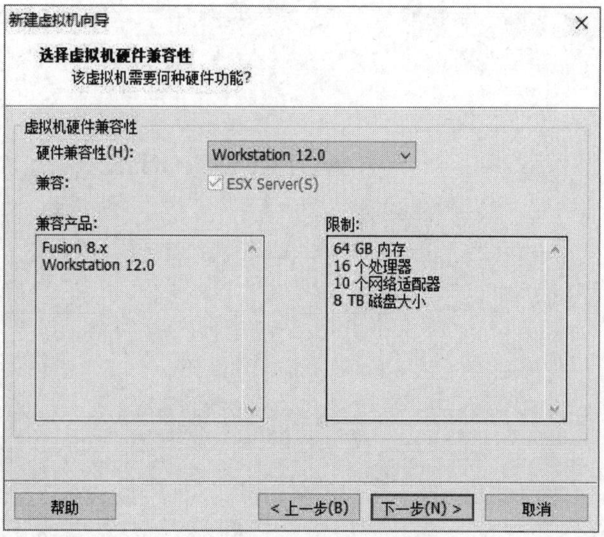

图 2-3　选择虚拟机硬件兼容性

操作系统"选项,具体如图 2-4 所示。

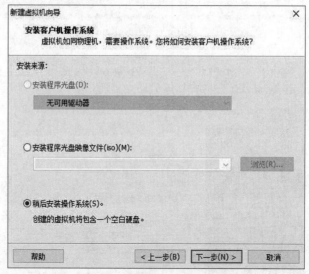

图 2-4　安装客户机操作系统

(4) 在图 2-4 中,单击"下一步"按钮进入到"选择客户机操作系统"界面时,选择此次要安装的客户机操作系统为 Linux,版本为 CentOS 64 位,具体如图 2-5 所示。

(5) 在图 2-5 中选择客户机操作系统后,单击"下一步"按钮,进入到"命名虚拟机"界面,自定义配置虚拟机名称(示例中定义了虚拟机名称为 Hadoop01)和安装位置,具体如图 2-6 所示。

(6) 在图 2-6 中,单击"下一步"按钮,进入到"处理器配置"界面,根据个人 PC 端的硬件质量和使用需求,自定义设置处理器数和每个处理器的核心数量,这里选择的是 1 个处理器和 2 个处理器核心数,具体如图 2-7 所示。

图 2-5　选择客户机操作系统

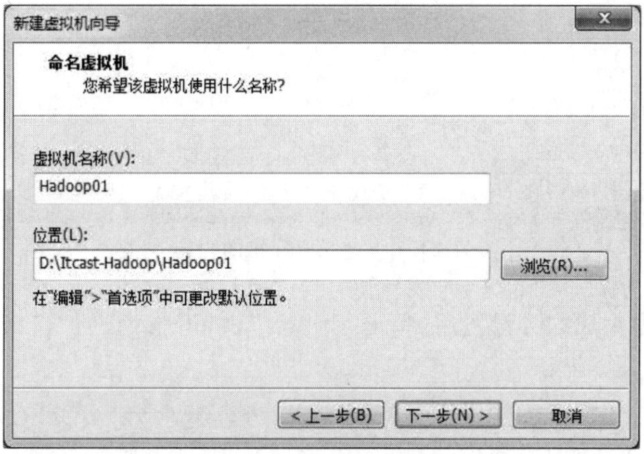

图 2-6　命名虚拟机

图 2-7　处理器配置

（7）在图 2-7 中完成处理器配置后，单击"下一步"按钮，进入到"此虚拟机的内存"界面设置虚拟机占用的内存，同样根据个人 PC 端的物理内存进行合理分配。这里搭建的 Hadoop01 虚拟机后续将作为 Hadoop 集群主节点，所以通常会分配较多的内存。这里将此虚拟机的内存指定为 4096MB(即 4GB)，具体如图 2-8 所示。

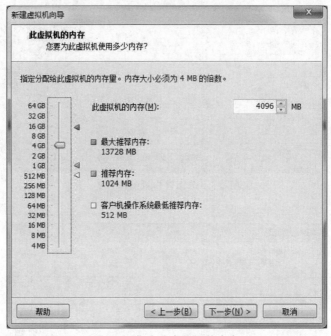

图 2-8　指定此虚拟机的内存

（8）在图 2-8 中完成内存设置后，单击"下一步"按钮进入设置"网络类型"的界面，具体如图 2-9 所示。

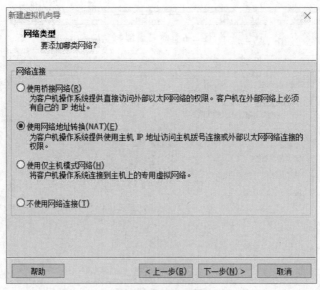

图 2-9　网络类型

(9) 在图 2-9 中，单击"下一步"按钮，进入"选择 I/O 控制器类型"界面，选择默认选项即可，具体如图 2-10 所示。

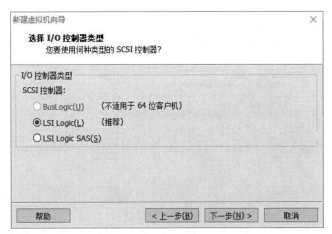

图 2-10　选择 I/O 控制器类型

(10) 在图 2-10 中，单击"下一步"按钮，进入"选择磁盘类型"界面，选择默认选项即可，具体如图 2-11 所示。

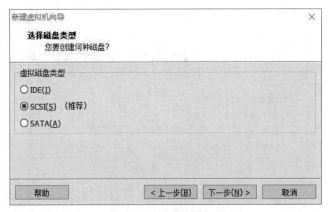

图 2-11　选择磁盘类型

(11) 在图 2-11 中，单击"下一步"按钮，进入"选择磁盘"界面，选择默认选项即可，具体如图 2-12 所示。

(12) 在图 2-12 中，单击"下一步"按钮，进入"指定磁盘容量"界面，可以根据实际需要并结合 PC 端硬件情况合理选择最大磁盘大小（此处演示使用默认值 20GB），如图 2-13 所示。

(13) 在图 2-13 中完成磁盘容量设置后，单击"下一步"按钮进入"指定磁盘文件"的界面，这里使用默认设置，如图 2-14 所示。

(14) 在图 2-14 中，单击"下一步"按钮进入"已准备好创建虚拟机"界面，效果如图 2-15 所示。

图 2-15 展示了创建的虚拟机参数，确认无误后，单击"完成"按钮，完成虚拟机的设置。

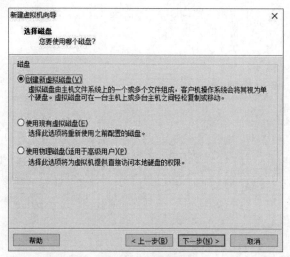

图 2-12 选择磁盘

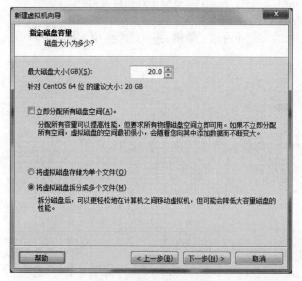

图 2-13 指定磁盘容量

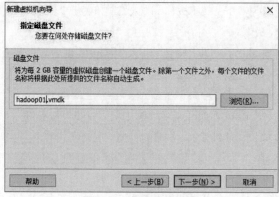

图 2-14 指定磁盘文件

第 2 章 搭建大数据集群环境　13

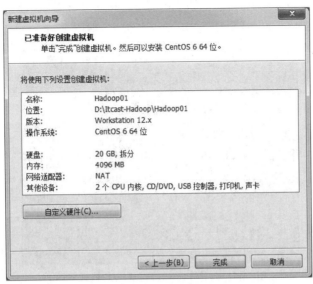

图 2-15　已准备好创建虚拟机

2. 启动虚拟机并安装操作系统

通过上述对 VMware Workstation 工具的操作，完成了对于虚拟机硬件及基本信息的配置，下面将启动虚拟机并安装 Linux 操作系统。

（1）选中创建成功的 Hadoop01 虚拟机，右键打开"设置"中的 CD/DVD(IDE)选项，勾选"使用 ISO 映像文件"选项，并单击"浏览"按钮来设置 ISO 映像文件所在的具体地址（此处根据前面操作系统的设置使用 CentOS 映像文件来初始化 Linux 系统），如图 2-16 所示。

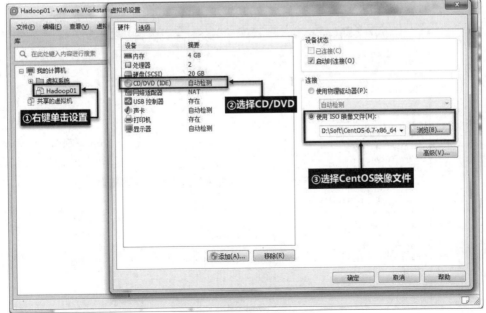

图 2-16　使用 ISO 映像文件

（2）单击图 2-16 中的"确定"按钮，进入当前 Hadoop01 主界面，单击"开启此虚拟机"选项启动 Hadoop01 虚拟机进入 CentOS 6.7 的安装界面，如图 2-17 所示。

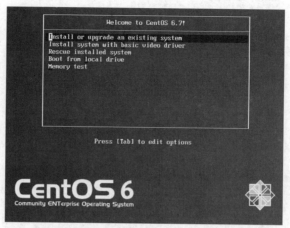

图 2-17　安装 CentOS 6.7 系统的欢迎界面

（3）选择图 2-17 中的第一条 Install or upgrade an existing system 选项，引导驱动加载完毕进入 Disc Found 界面，如图 2-18 所示。

（4）在图 2-18 中，按 Tab 键切换至 Skip 选项，然后按 Enter 键就进入到 CentOS 操作系统的初始化过程。单击 Next 按钮进入到系统语言设置界面，为了后续软件及系统兼容性，通常会使用默认的 English (English)选项作为系统语言(若是为了方便查看可选择"Chinese(Simplified)(中文(简体))"系统语言，如图 2-19 所示。

图 2-18　Disc Found 的界面

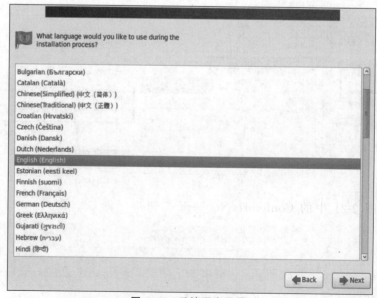

图 2-19　系统语言设置

(5) 在图 2-19 中，单击 Next 按钮，进入 Select the appropriate keyboard for the system 界面，为操作系统指定合适的键盘，这里选择的是默认 U.S.English。单击 Next 按钮，进入 What type of devices will your installation involve 界面，选择安装基本的存储设置，即选择默认的 Basic Storage Devices。单击 Next 按钮，进入到 Storage Device Warning 界面，单击 Yes，discard any data 按钮，即清除该设备上的数据，如图 2-20 所示。

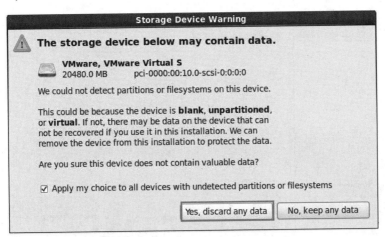

图 2-20　Storage Device Warning

(6) 执行完如图 2-20 所示的磁盘格式后，会立刻跳转到设置主机名 (Hostname) 界面，自定义该虚拟机的主机名 (此处设置该虚拟机主机名 (Hostname) 为 hadoop01)，如图 2-21 所示。

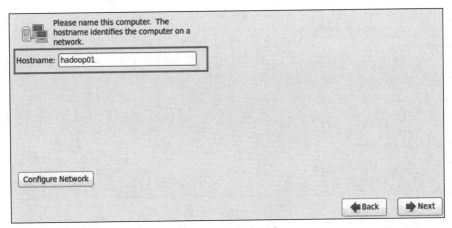

图 2-21　配置主机名

(7) 单击图 2-21 中的 Configure Network 按钮进行网络配置，在弹出的 Network Connections 窗口选择网卡 System eth0，在 Network Connections 窗口右侧单击 Edit... 按钮，在弹出的 Editing System etn0 窗口中配置网卡 System eth0，在 Editing System etn0 窗口勾选 Connect automatically 复选框配置网卡 System etn0 自动获取连接，配置网卡的效果如图 2-22 所示。

(8) 在图 2-22 中网卡 System etn0 配置完成后单击 Apply 按钮返回 Network

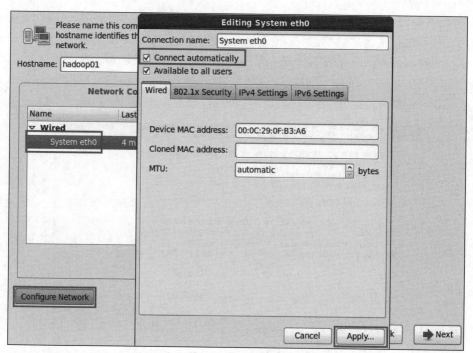

图 2-22 网卡配置

Connections 窗口，在该窗口单击 Close 按钮返回设置主机名界面。在设置主机名界面单击 Next 按钮进入配置系统时区界面，在该界面选择 Asia/ShangHai（亚洲/上海）时区，如图 2-23 所示。

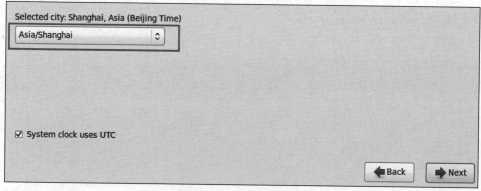

图 2-23 系统时区选择

（9）在图 2-23 中，单击 Next 按钮进入到 root 用户密码设置界面，读者可以自定义 root 用户的密码，如图 2-24 所示。

在图 2-24 中，设置密码时要求密码长度最低 6 个字符，如果密码强度较低可能出现提示，直接单击 Use Anyway 选项即可。

（10）单击图 2-24 中的 Next 按钮进入安装类型的界面，这里选择默认配置 Replace Existing Linux System(s)，然后单击 Next 按钮，进入到"磁盘格式化"界面，直接单击 Write changes to disk 选项即可，如图 2-25 所示。

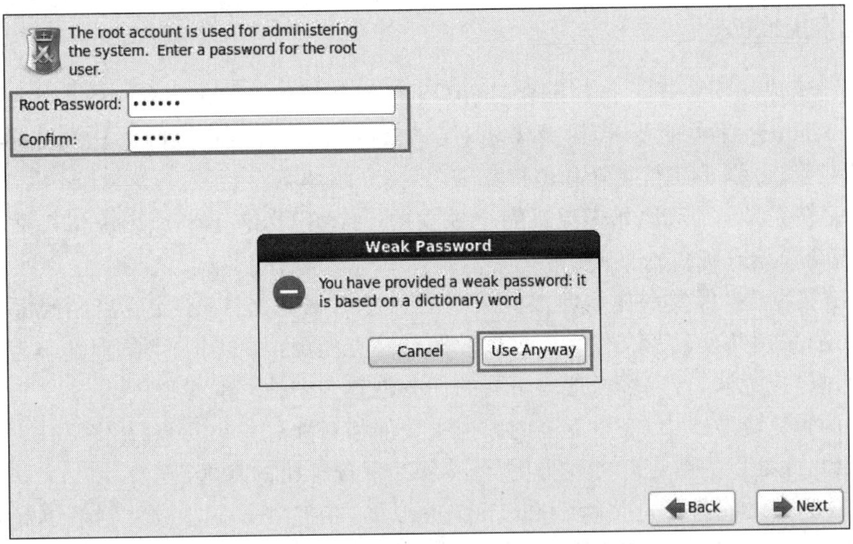

图 2-24　设置系统 root 用户密码

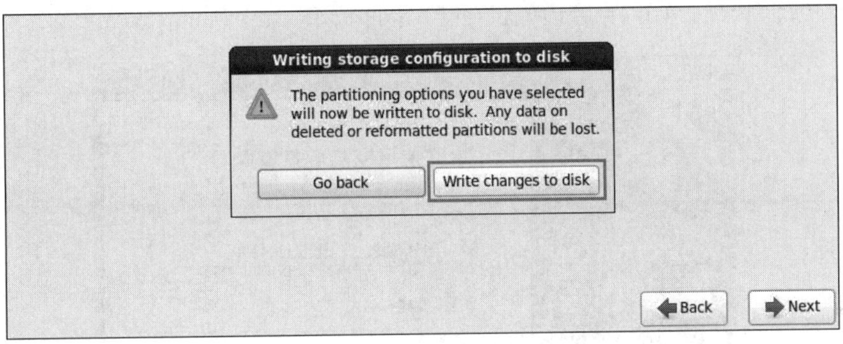

图 2-25　磁盘格式化

执行完上述操作后,虚拟机进入磁盘格式化过程,稍等片刻后会跳转到 CentOS 系统安装成功的界面。通过单击 Reboot 按钮重启系统,如图 2-26 所示。

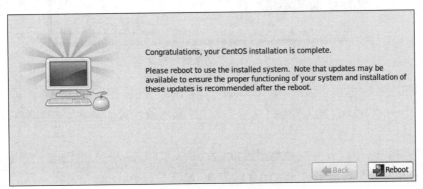

图 2-26　重启系统

至此,就完成了在虚拟机中安装 CentOS 操作系统。

3. 克隆虚拟机

目前已经成功安装好了一台搭载 CentOS 镜像文件的 Linux 系统,而一台虚拟机不能满足搭建 Hadoop 集群的要求,因此需要对已安装的虚拟机进行克隆。VMware 提供了两种类型的克隆,分别是完整克隆和链接克隆,具体介绍如下。

(1)完整克隆:是对原始虚拟机完全独立的一个拷贝,它不和原始虚拟机共享任何资源,可以脱离原始虚拟机独立使用。

(2)链接克隆:需要和原始虚拟机共享同一虚拟磁盘文件,不能脱离原始虚拟机独立运行。但是,采用共享磁盘文件可以极大缩短创建克隆虚拟机的时间,同时还节省物理磁盘空间。通过链接克隆,可以轻松地为不同的任务创建一个独立的虚拟机。

以上两种克隆方式中,完整克隆的虚拟机文件相对独立并且安全,在实际开发中也较为常用。因此,此处以完整克隆方式为例,分步骤演示虚拟机的克隆。

(1)在克隆之前需要先关闭 Hadoop01 虚拟机,在 VMware 工具左侧系统资源库中右键单击 Hadoop01,选择"电源"列表下的"关闭客户端"选项,完成上述操作后对 Hadoop01 虚拟机进行克隆操作,在 VMware 工具左侧系统资源库中右键单击 Hadoop01,选择"管理"列表下的"克隆"选项,弹出"克隆虚拟机向导"界面,如图 2-27 所示。

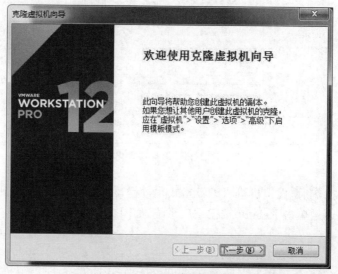

图 2-27 克隆虚拟机向导

(2)在图 2-27 中,单击"下一步"按钮,进入克隆源界面,选择默认配置即可,然后单击界面中的"下一步"按钮,进入设置"克隆类型"界面选择"创建完整克隆"选项,如图 2-28 所示。

(3)在图 2-28 中设置完克隆类型后,单击"下一步"按钮,进入到"新虚拟机名称"界面,在该界面自定义虚拟机的名称和本地存放位置,如图 2-29 所示。

在图 2-29 中,单击"完成"按钮就会进入虚拟机克隆过程,稍等片刻后便完成了虚拟机的克隆操作。如果想克隆多台虚拟机,可以重复上述操作即可。

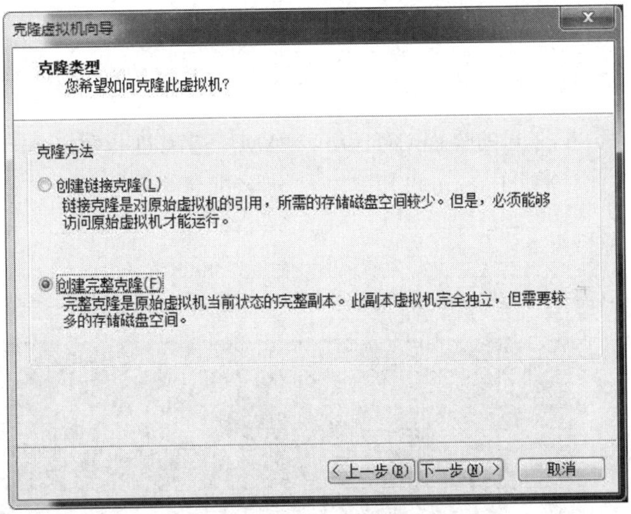

图 2-28 克隆类型

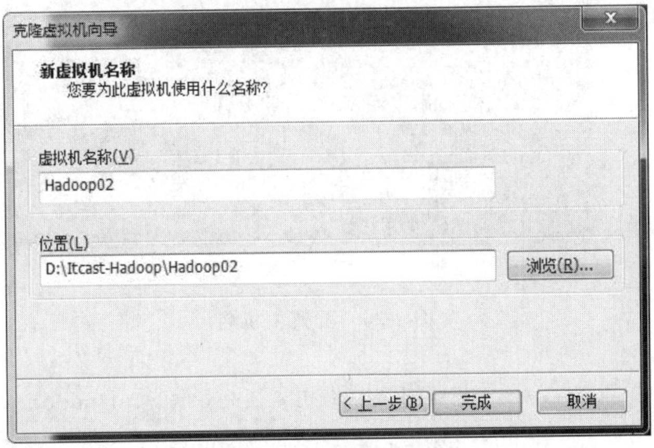

图 2-29 新虚拟机名称

2.1.2 虚拟机网络配置

前面一节介绍了虚拟机的安装和克隆,虽然安装的 Hadoop01 虚拟机能够正常使用,但是该虚拟机的 IP 是动态生成的,在不断的开关过程中很容易改变,非常不利于实际开发;而通过 Hadoop01 克隆的虚拟机(假设克隆了两个虚拟机 Hadoop02 和 Hadoop03)则完全无法动态分配到 IP,直接无法使用。因此,还需要对这三台虚拟机的网络都分别进行配置。

接下来,本节将对如何配置虚拟机网络进行详细讲解(此处以克隆的 Hadoop02 虚拟机为例进行演示说明),具体操作步骤如下。

1. 主机名和 IP 映射配置

在 VMware Workstation 中开启克隆的虚拟机 Hadoop02,输入 root 用户的用户名和密码后进入虚拟机系统,在终端窗口按照下列说明进行主机名和 IP 映射的配置。

(1) 配置主机名,具体指令如下:

```
$ vi /etc/sysconfig/network
```

执行上述指令后,在打开的界面对 HOSTNAME 选项进行重新编辑,根据个人实际需求进行主机名配置(此处将 Hadoop02 虚拟机主机名配置为 hadoop02),如图 2-30 所示。

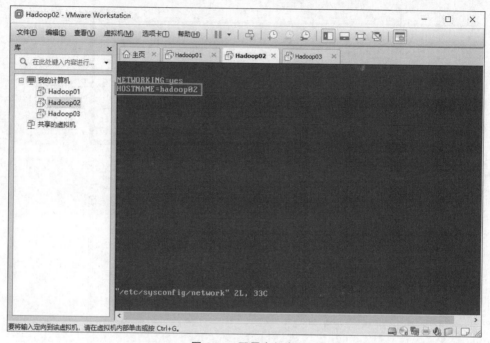

图 2-30 配置主机名

配置完成后保存 network 文件退出即可。后续演示 Hadoop 集群搭建时,会将 Hadoop01、Hadoop02、Hadoop03 主机名依次设置为 hadoop01、hadoop02 和 hadoop03,因此在 Hadoop01 和 Hadoop03 中需进行同样的配置主机名操作。

(2) 配置 IP 映射。

配置 IP 映射,要明确当前虚拟机的 IP 和主机名,主机名可以参考前面已配置的主机名,但 IP 地址必须在 VMware 虚拟网络 IP 地址范围内。所以,这里必须先清楚可选的 IP 地址范围,才可进行 IP 映射的配置。

单击 VMware 工具的"编辑"菜单下的"虚拟网络编辑"菜单项,打开虚拟网络编辑器;接着,选中"NAT 模式"类型的 VMnet8,单击"DHCP 设置"按钮会出现一个"DHCP 设置"对话框,如图 2-31 所示。

从图 2-31 可以看出,此处 VMware 工具允许的虚拟机 IP 地址可选范围(192.168.121.128～192.168.121.254,不同网络可能不同)。至此,就明确了要配置 IP 映射的 IP 地址可选范围(且不建议使用已用 IP 地址)。

(3) 在 Hadoop02 虚拟机中执行相关指令对 IP 映射文件 hosts 进行编辑,指令如下。

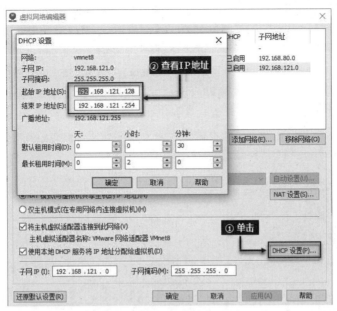

图 2-31 "DHCP 设置"对话框

```
$ vi /etc/hosts
```

执行上述指令后,会打开一个 hosts 映射文件,为了保证后续相互关联的虚拟机能够通过主机名进行访问,根据实际需求配置对应的 IP 和主机名映射,如图 2-32 所示。

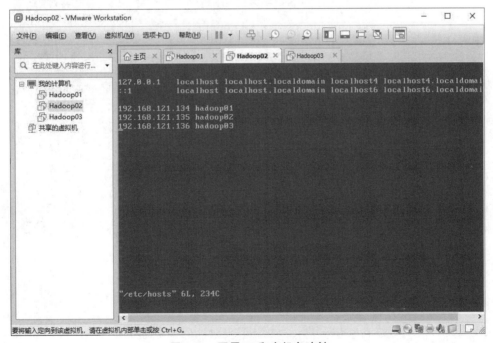

图 2-32 配置 IP 和主机名映射

从图 2-32 可以看出,将主机名 hadoop01、hadoop02、hadoop03 分别与 IP 地址 192.168.121.134、192.168.121.135 和 192.168.121.136 进行了匹配映射(这里通常要根据实际需要,将要搭建的集群主机都配置主机名和 IP 映射)。读者在进行 IP 映射配置时,可以根据自己的 DHCP 设置和主机名规划 IP 映射。这里同样也需要将 Hadoop01 和 Hadoop03 两台虚拟机进行同上 Hadoop02 的 IP 映射配置,以便于在这两台虚拟机中通过主机名访问其他虚拟机。

小提示:需要说明的是,此处的主机名和 IP 映射配置并不是 Hadoop 集群搭建准备环境的必需项,读者也可以不必进行此步操作。只是通常情况下,为了更方便进行文件配置和虚拟机联系,都会进行主机名和 IP 映射配置。

2. 网络参数配置

上一步中,对虚拟机的主机名和 IP 映射进行了配置,而想要虚拟机能够正常使用,还需要对网络参数进行配置。

(1) 修改虚拟机网卡配置文件,配置网卡设备的 MAC 地址,具体指令如下。

```
$ vi /etc/udev/rules.d/70-persistent-net.rules
```

在 Hadoop02 虚拟机中执行上述指令后,会打开当前虚拟机的网卡设备参数文件,如图 2-33 所示。

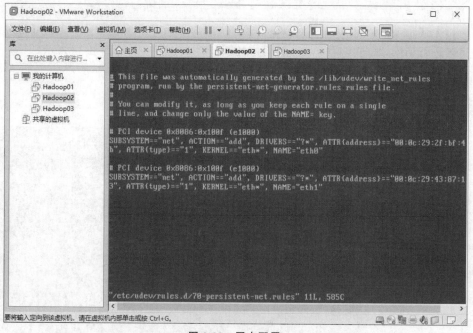

图 2-33 网卡配置

(2) 在图 2-33 中,由于虚拟机克隆的原因,在 Hadoop02 虚拟机中会有 eth0 和 eth1 两块网卡(Hadoop01 虚拟机只有一块 eth0 网卡),此处删除多余的 eth1 网卡配置,只保留 eth0 一块网卡,并且修改参数 ATTR{address}=="当前虚拟机的 MAC 地址"(另一种更简单的方式是,删除 eth0 网卡,将 eth1 网卡的参数 NAME="eth1"修改为 NAME="eth0"),同为虚拟机克隆的 Hadoop03 也要进行网卡配置的操作。

查看当前虚拟机的 MAC 地址,右键单击当前虚拟机的"设置"列表并选中"网络适配器"选项,接着单击窗口右侧的"高级"按钮,会出现一个新对话框"网络适配器高级设置",如图 2-34 所示。

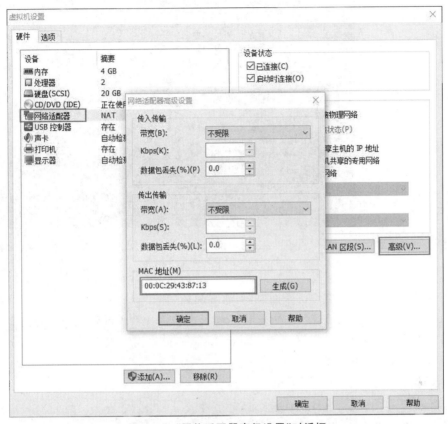

图 2-34 "网络适配器高级设置"对话框

从图 2-34 可以看出,当前 Hadoop02 虚拟机的 MAC 地址为 00:0C:29:43:87:13,而不同的虚拟机 MAC 地址是唯一的。

(3) 配置网卡文件设置静态 IP,具体指令如下。

```
$ vi /etc/sysconfig/network-scripts/ifcfg-eth0
```

在 Hadoop02 虚拟机中执行上述指令后,会打开虚拟机的 IP 地址配置界面,如图 2-35 所示。
在如图 2-35 所示的网卡文件界面,根据需要通常要配置或修改以下 7 处参数。

① ONBOOT=yes:表示启动这块网卡。
② BOOTPROTO=static:表示静态路由协议,可以保持 IP 固定。
③ HWADDR:表示虚拟机 MAC 地址,需要与当前虚拟机 MAC 地址一致。
④ IPADDR:表示虚拟机的 IP 地址,这里设置的 IP 地址要与前面 IP 映射配置时的 IP 地址一致,否则无法通过主机名找到对应 IP。
⑤ GATEWAY:表示虚拟机网关,通常都是将 IP 地址最后一个位数变 2。

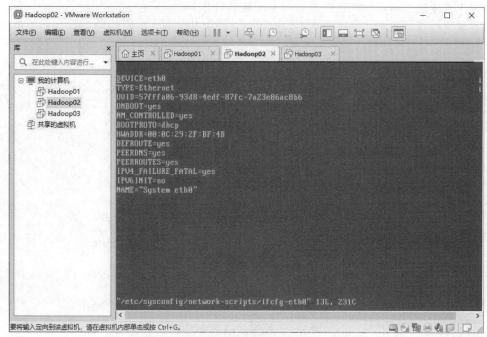

图 2-35　配置网卡文件

⑥ NETMASK：表示虚拟机子网掩码，通常都是 255.255.255.0。

⑦ DNS1：表示域名解析器，此处采用 Google 提供的免费 DNS 服务器 8.8.8.8（也可以设置为 PC 对应的 DNS）。

网卡的具体配置，如图 2-36 所示。

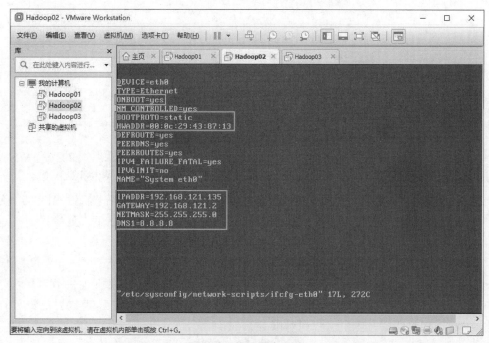

图 2-36　修改网卡文件

上述只是介绍了 Hadoop02 虚拟机修改网卡文件,同样,Hadoop01 和 Hadoop03 也要进行网卡文件修改的操作,同为克隆虚拟机的 Hadoop03 与 Hadoop02 操作方式相同。通过查看 Mac 地址进行修改,Hadoop01 不同于克隆机,直接使用默认的 Mac 地址即可,注意三台虚拟机的 IPADDR(IP 地址)需根据 IP 映射文件中的设置而修改。

3. 配置效果验证

完成上述两个步骤的操作后,需要重启虚拟机使配置生效,这里通过执行 reboot 指令重启系统。

系统重启完毕后,在 Hadoop02 虚拟机上通过 ifconfig 指令查看网卡配置是否生效,如图 2-37 所示。

图 2-37　查看网卡配置

从图 2-37 中看出,Hadoop02 主机的 IP 地址已经设置为 192.168.121.135。通过执行 ping www.baidu.com 指令检测网络连接是否正常(前提是安装虚拟机的 PC 可以正常上网),如图 2-38 所示。

从图 2-38 可以看出,虚拟机能够正常地接收数据,并且延迟正常,说明网络连接正常。至此,当前虚拟机的网络配置完毕。

2.1.3　SSH 服务配置

通过前面的操作,已经完成了三台虚拟机 Hadoop01、Hadoop02 和 Hadoop03 的安装和网络配置,虽然这些虚拟机已经可以正常使用了,但是依然存在问题,具体问题如下。

(1)实际工作中,服务器被放置在机房中,同时受到地域和管理的限制,开发人员通常不会进入机房直接上机操作,而是通过远程连接服务器,进行相关操作。

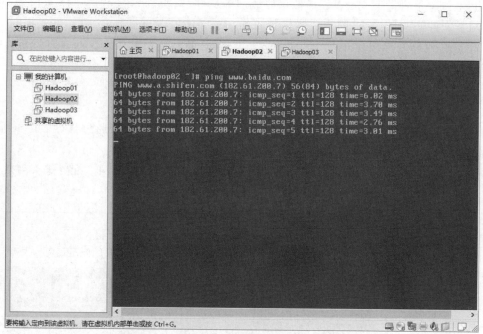

图 2-38 检测网络连接

(2) 在集群开发中，主节点通常会对集群中各个节点频繁地访问，就需要不断输入目标服务器的用户名和密码，这种操作方式非常麻烦并且还会影响集群服务的连续运行。

为了解决上述问题，可以通过配置 SSH 服务来分别实现远程登录和 SSH 免密登录功能。接下来，将分别对这两种服务配置进行详细讲解。

1. SSH 远程登录功能配置

SSH 为 Secure Shell 的缩写，它是一种网络安全协议，专为远程登录会话和其他网络服务提供安全性的协议。通过使用 SSH 服务，可以把传输的数据进行加密，有效防止远程管理过程中的信息泄露问题。

为了使用 SSH 服务，服务器需要安装并开启相应的 SSH 服务。在 CentOS 系统下，可以先执行"rpm -qa | grep ssh"指令查看当前机器是否安装 SSH 服务，同时使用"ps -e | grep sshd"指令查看 SSH 服务是否启动，如图 2-39 所示。

从图 2-39 可以看出，CentOS 虚拟机已经默认安装并开启了 SSH 服务，所以不需要进行额外安装，就可以进行远程连接访问（如果没有安装，CentOS 系统下可以执行"yum install openssh-server"指令进行安装）。

在目标服务器已经安装 SSH 服务，并且支持远程连接访问后，在实际开发中，开发人员通常会通过一个远程连接工具来连接访问目标服务器。本书以一个实际开发中常用的 SecureCRT 远程连接工具来演示远程服务器的连接和使用。

SecureCRT 是一款支持 SSH 的终端仿真程序，它能够在 Windows 操作系统上远程连接 Linux 服务器执行操作。本书采用 SecureCRT 7.2 版本进行介绍说明，读者可以通过地址 https://www.vandyke.com/download/securecrt/7.2/index.html 自行下载安装。下载

第 2 章 搭建大数据集群环境

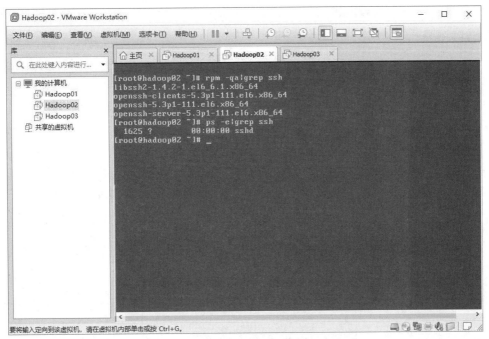

图 2-39 查看 SSH 服务

安装完成后，按照以下操作进行远程连接访问。

(1) 打开 SecureCRT 远程连接工具，单击导航栏上的"文件"→"快速连接"创建快速连接，并根据虚拟机的配置信息进行设置，如图 2-40 所示。

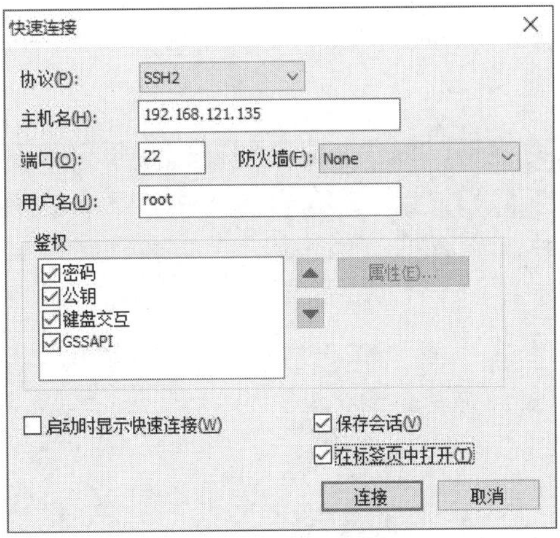

图 2-40 快速连接

在如图 2-40 所示的快速连接设置中，主要是根据要连接远程服务器设置了目标主机名为 192.168.121.135（即 Hadoop02 虚拟机的 IP 地址）和登录用户 root，而其他相关设置通常情况下使用默认值即可。

(2) 设置完快速连接配置后，单击图 2-40 中的"连接"按钮，会弹出"新建主机密钥"对话框（主要用于密钥信息发送确认），如图 2-41 所示。

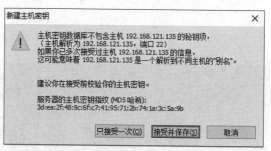

图 2-41　新建主机密钥

（3）单击图 2-41 中的"接受并保存"按钮。保存完毕后，客户端需要输入目标服务器的用户名和密码，并且可以勾选"保存密码"按钮，避免下次连接时重复要求输入密码，如图 2-42 所示。

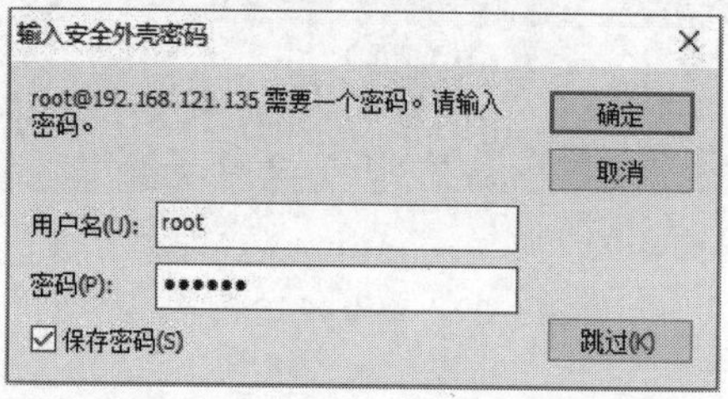

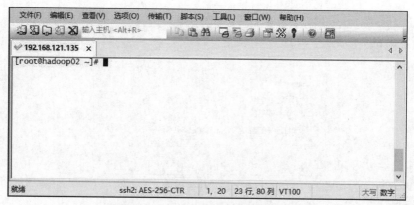

图 2-42　输入安全外壳密码

在图 2-42 中，输入正确的用户名和密码后，单击"确定"按钮，SecureCRT 远程连接工具就会自动连接到远程目标服务器。

（4）待连接远程服务器成功，SecureCRT 会自动进入到 Hadoop02 虚拟机的操作界面，如图 2-43 所示。

图 2-43　Hadoop02 虚拟机操作界面

后续就可以像在虚拟机终端窗口一样在 SecureCRT 中操作虚拟机，其他两个虚拟机 Hadoop01 和 Hadoop03 也可以通过同样的方式通过 SecureCRT 连接到虚拟机进行操作。

2. SSH 免密登录功能配置

前面介绍了 SSH 服务,并实现了远程登录功能,而想要实现多台服务器之间的免密登录功能还需要进一步设置。下面就详细讲解如何配置 SSH 免密登录,具体如下。

(1) 在需要进行统一管理的虚拟机上(例如后续会作为 Hadoop 集群主节点的 Hadoop01)输入"ssh-keygen -t rsa"指令生成密钥,并根据提示,不用输入任何内容,连续按 4 次 Enter 键确认即可,效果如图 2-44 所示。

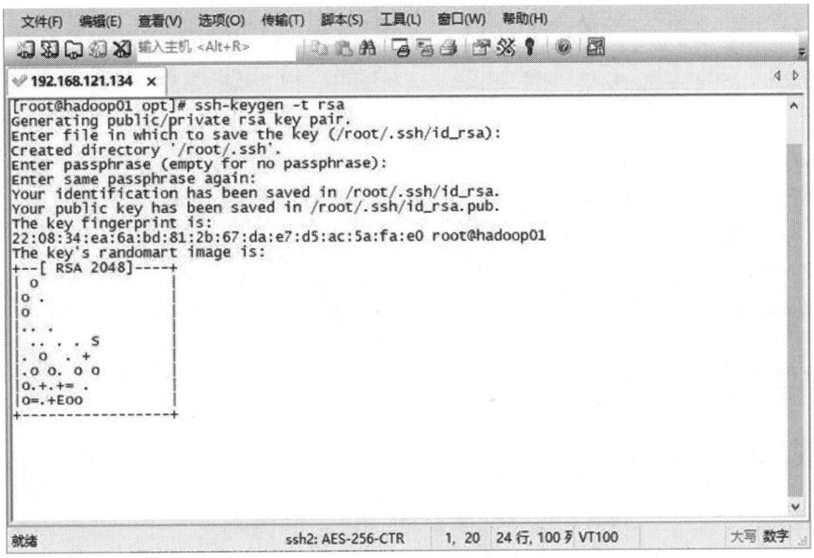

图 2-44 生成密钥

运行完生成密钥操作后,在当前虚拟机的 root 目录下生成一个包含密钥文件的 .ssh 隐藏目录。进入 .ssh 隐藏目录,通过"ll -a"指令查看当前目录的所有文件(包括隐藏文件),如图 2-45 所示。

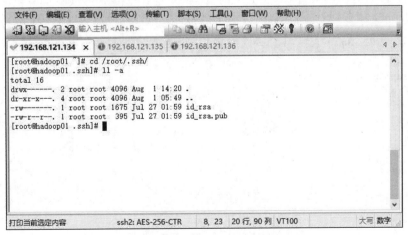

图 2-45 查看 .ssh 目录内容

从图 2-45 中可以看出,.ssh 隐藏目录下有两个文件,分别是 id_rsa 和 id_rsa.pub 两个文件,其中,id_rsa 是 Hadoop01 的私钥,id_rsa.pub 是公钥。

（2）在生成密钥文件的虚拟机 Hadoop01 上,执行命令"ssh-copy-id hadoop02",将公钥复制到需要关联的服务器上（注意：包括本机）,通过修改服务器主机名来指定需要复制的服务器,例如,将命令中的"hadoop02"修改为"hadoop01",如图 2-46 所示。

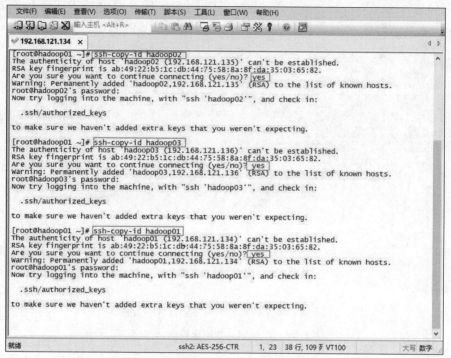

图 2-46　复制公钥文件到相关服务器

（3）在生成秘钥文件的虚拟机 Hadoop01 上,执行相关指令将 .ssh 目录下的文件复制到需要关联的服务器上,执行命令"scp -r /root/.ssh/ * root@hadoop02：/root/.ssh/"复制文件到 hadoop02 服务器,通过修改服务器主机名指定其他服务器,如图 2-47 所示。

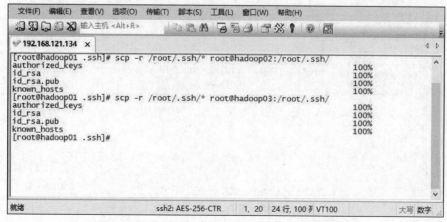

图 2-47　复制主机 .ssh 目录下文件到相关服务器

通过上述步骤操作，在相关联服务器的任一节点连接到其他节点就不用再输入密码进行访问了，例如，当在 hadoop01 主机上输入"ssh hadoop02"指令访问 hadoop02 主机时就不再需要输入密码了，如图 2-48 所示。

图 2-48　验证免密钥

至此完成所有相关联节点的免密钥操作。

2.2　Hadoop 集群搭建

在学习和个人开发测试阶段，可以在虚拟机上安装多台 Linux 系统来搭建 Hadoop 集群，前面已经学习了虚拟机的安装、网络配置以及 SSH 服务配置，减少了后续集群搭建与使用过程中不必要的麻烦，下面就对 Hadoop 集群搭建进行详细讲解。

2.2.1　JDK 安装

由于 Hadoop 是由 Java 语言开发的，Hadoop 集群的使用依赖于 Java 环境，因此在安装 Hadoop 集群前，需要先安装并配置好 JDK。

接下来，就在前面规划的 Hadoop 集群主节点 hadoop01 机器上分步骤演示，如何安装和配置 JDK，具体如下。

1. 下载 JDK

访问 https：//www. oracle. com/technetwork/java/javase/downloads/java-archive-javase8-2177648.html 下载 Linux 系统下的 JDK 安装包，本书下载的是 JDK 1.8 版本，即 jdk-8u161-linux-x64.tar.gz 安装包。注：本书会提供和使用 jdk-8u161-linux-x64.tar.gz 安装包。

2. 安装 JDK

下载完 JDK 安装包后，先将 JDK 安装文件通过 SecureCRT 工具客户端的 Hadoop01 窗口上传到 hadoop01 主机的/export/software/（如果系统中没有该目录可通过指令"mkdir -p /export/software/"创建）目录下。

通过指令"cd /export/software/"进入到/export/software/目录下,在该目录下执行 rz 命令(注意:如果系统提示-bash:rz:command not found 可以通过执行 yum install lrzsz -y 指令进行安装)进行上传,双击要上传的 JKD 安装文件,单击"确定"按钮进行上传,如图 2-49 所示。

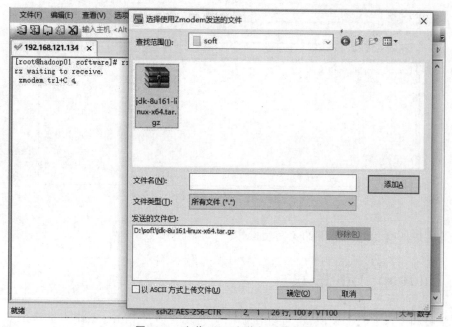

图 2-49　上传 JDK 安装包到服务器

将上传到 hadoop01 服务器的 JDK 安装包解压到/export/servers/目录(在执行解压指令前需要通过指令"mkdir -p /export/servers/"创建该目录),具体指令如下。

```
$ tar -zxvf /export/software/jdk-8u161-linux-x64.tar.gz -C /export/servers/
```

执行完上述指令,进入到/export/servers/目录下查看解压后的 JDK 安装包,如果觉得解压后的文件名过长,可以对文件进行重命名,这里可以将 jdk1.8.0_161 重命名为 jdk,具体指令如下。

```
$ mv jdk1.8.0_161/ jdk
```

3. 配置 JDK 环境变量

安装完 JDK 后,还需要配置 JDK 环境变量。使用"vi /etc/profile"指令打开 profile 文件,在文件底部添加如下内容。

```
#配置JDK系统环境变量
export JAVA_HOME=/export/servers/jdk
export PATH=$PATH:$JAVA_HOME/bin
export CLASSPATH=.:$JAVA_HOME/lib/dt.jar:$JAVA_HOME/lib/tools.jar
```

在/etc/profile 文件中配置完上述 JDK 环境变量后(注意 JDK 路径),保存退出。然后执行 source /etc/profile 指令初始化环境变量使配置文件生效。

4．JDK 环境验证

在完成 JDK 的安装和配置后,为了检测是否安装成功,可以输入如下指令进行验证。

```
$ java -version
```

执行上述指令后,如果出现如图 2-50 所示结果,则说明 JDK 安装和配置成功。

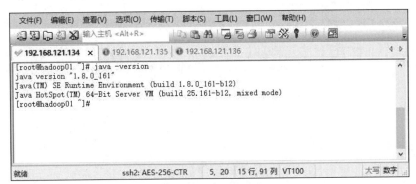

图 2-50　JDK 环境验证

至此,Hadoop01 虚拟环境中的 JDK 安装成功,Hadoop02 和 Hadoop03 虚拟机中 JDK 的安装会在后续的 2.2.3 节中给出快捷的安装方式。

2.2.2　Hadoop 安装

Hadoop 是 Apache 基金会面向全球开源的产品之一,任何用户都可以从 Apache Hadoop 官网 https://archive.apache.org/dist/hadoop/common/下载使用。本书将以编写时较为稳定的 Hadoop 2.7.4 版本为例,详细讲解 Hadoop 的安装。

将下载的 hadoop-2.7.4.tar.gz 安装包上传到主节点 hadoop01 的/export/software/目录下,然后解压该文件到/export/servers/目录,具体指令如下。

```
$ tar -zxvf /export/software/hadoop-2.7.4.tar.gz -C /export/servers/
```

执行完上述指令后,同样通过"vi /etc/profile"指令打开 profile 文件,在文件底部进一步添加如下内容来配置 Hadoop 环境变量。

```
#配置 Hadoop 系统环境变量
export HADOOP_HOME=/export/servers/hadoop-2.7.4
export PATH=$PATH:$HADOOP_HOME/bin:$HADOOP_HOME/sbin
```

在/etc/目录下的 profile 文件中配置完上述 Hadoop 环境变量后(注意 HADOOP_HOME 路径),保存退出即可。通过执行 source /etc/profile 指令初始化环境变量使配置文件生效。

安装完 Hadoop 并配置好环境变量后，可以在当前主机任意目录下查看安装的 Hadoop 版本号，具体指令如下。

```
$ hadoop version
```

执行完上述指令后，效果如图 2-51 所示。

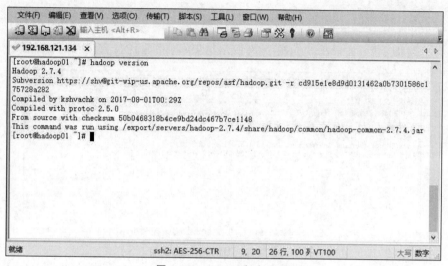

图 2-51　Hadoop 版本查询

从图 2-51 可以看出，当前 Hadoop 版本为 2.7.4，证明 Hadoop 安装成功。

在 Hadoop 安装目录(/export/servers/hadoop-2.7.4)下通过"ll"指令查看 Hadoop 目录结构，如图 2-52 所示。

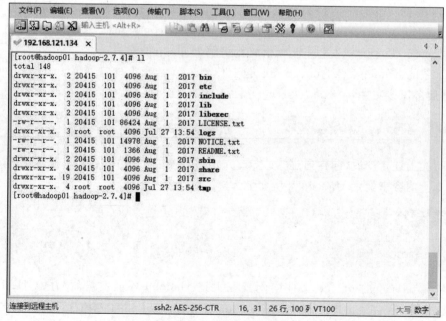

图 2-52　Hadoop 目录结构

从图 2-52 可以看出，Hadoop 安装目录包括 bin、etc、include、lib、libexec、sbin、share 和 src 共 8 个目录以及其他一些文件，下面简单介绍下各目录内容及作用。

（1）bin：存放操作 Hadoop 相关服务（HDFS、YARN）的脚本，但是通常使用 sbin 目录下的脚本。

（2）etc：存放 Hadoop 配置文件，主要包含 core-site.xml、hdfs-site.xml、mapred-site.xml 等从 Hadoop 1.0 继承而来的配置文件和 yarn-site.xml 等 Hadoop 2.0 新增的配置文件。

（3）include：对外提供的编程库头文件（具体动态库和静态库在 lib 目录中），这些头文件均是用 C++ 定义的，通常用于 C++ 程序访问 HDFS 或者编写 MapReduce 程序。

（4）lib：该目录包含 Hadoop 对外提供的编程动态库和静态库，与 include 目录中的头文件结合使用。

（5）libexec：各个服务器用的 shell 配置文件所在的目录，可用于配置日志输出、启动参数（例如 JVM 参数）等基本信息。

（6）sbin：该目录存放 Hadoop 管理脚本，主要包含 HDFS 和 YARN 中各类服务的启动/关闭脚本。

（7）share：Hadoop 各个模块编译后的 jar 包所在的目录。

（8）src：Hadoop 的源码包。

2.2.3　Hadoop 集群配置

2.2.2 节仅进行了单机上的 Hadoop 安装，为了在多台机器上进行 Hadoop 集群搭建和使用，还需要对相关配置文件进行修改，来保证集群服务协调运行。

Hadoop 默认提供了两种配置文件：一种是只读的默认配置文件，包括 core-default.xml、hdfs-default.xml、mapred-default.xml 和 yarn-default.xml，这些文件包含 Hadoop 系统各种默认配置参数；另一种是 Hadoop 集群自定义配置时编辑的配置文件（这些文件多数没有任何配置内容，存在于 Hadoop 安装目录下的 etc/hadoop/目录中），包括 core-site.xml、hdfs-site.xml、mapred-site.xml 和 yarn-site.xml 等，可以根据需求在这些文件中对上一种默认配置文件中的参数进行修改，Hadoop 会优先选择自定义配置文件中的参数。

下面通过一张表来对 Hadoop 集群搭建可能涉及的主要配置文件及功能进行描述，如表 2-1 所示。

表 2-1　Hadoop 主要配置文件

配置文件	功 能 描 述
hadoop-env.sh	配置 Hadoop 运行所需的环境变量
yarn-env.sh	配置 YARN 运行所需的环境变量
core-site.xml	集群全局参数，用于定义系统级别的参数，如 HDFS URL、Hadoop 的临时目录等
hdfs-site.xml	HDFS 参数，如名称节点和数据节点的存放位置、文件副本的个数、文件读取的权限等
mapred-site.xml	MapReduce 参数，包括 Job History Server 和应用程序参数两部分，如 reduce 任务的默认个数、任务所能够使用内存的默认上下限等
yarn-site.xml	集群资源管理系统参数，配置 ResourceManager、NodeManager 的通信端口，Web 监控端口等

在表 2-1 中,前两个配置文件都是用来指定 Hadoop 和 YARN 所需运行环境,hadoop-env.sh 用来保证 Hadoop 系统能够正常执行 HDFS 的守护进程 NameNode、Secondary NameNode 和 DataNode;而 yarn-env.sh 用来保证 YARN 的守护进程 ResourceManager 和 NodeManager 能正常启动。其他 4 个配置文件都是用来设置集群运行参数的,在这些配置文件中可以使用 Hadoop 默认配置文件中的参数进行配置来优化 Hadoop 集群,从而使集群更加稳定高效。

Hadoop 提供的默认配置文件 core-default.xml、hdfs-default.xml、mapred-default.xml 和 yarn-default.xml 中的参数非常多,这里不便一一展示说明。读者在具体使用时可以通过访问 Hadoop 官方文档 https://hadoop.apache.org/docs/r2.7.4/,进入到文档最底部的 Configuration 部分进行学习和查看。

接下来,详细讲解通过 3 台虚拟机部署 Hadoop 集群的配置,具体步骤如下。

1. 配置 Hadoop 集群主节点

通过上述对配置文件的功能描述,了解到这些配置文件对于 Hadoop 集群所起到的作用,接下来将分步骤介绍每个配置文件需要设置的内容。

1) 修改 hadoop-env.sh 文件

先进入到主节点 hadoop01 虚拟机的 Hadoop 安装包目录下的 etc/hadoop/ 目录,使用 "vi hadoop-env.sh" 指令打开其中的 hadoop-env.sh 文件,将文件内默认的 JAVA_HOME 参数修改为本地安装 JDK 的路径,如图 2-53 所示。

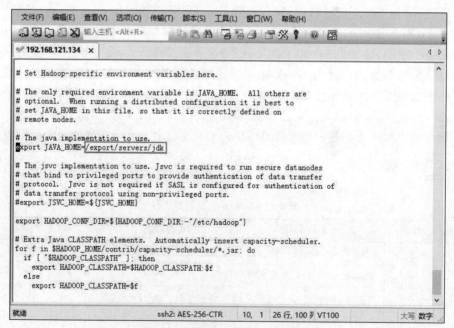

图 2-53　配置 hadoop-env.sh 文件

上述配置文件中设置的是 Hadoop 运行时需要的 JDK 环境变量,目的是让 Hadoop 启动时能够执行守护进程。修改 yarn-env.sh 文件类似于修改 hadoop-env.sh 文件的方式,即在 yarn-env.sh 文件中添加 JDK 环境变量,具体如图 2-54 所示。

图 2-54　配置 yarn-env.sh 文件

2）修改 core-site.xml 文件

该文件是 Hadoop 的核心配置文件，其目的是配置 HDFS 地址、端口号，以及临时文件目录。参考上一步，打开该配置文件，添加如下配置内容。

```
<configuration>
        <!--用于设置 Hadoop 的文件系统,由 URI 指定 -->
        <property>
                <name>fs.defaultFS</name>
                <!--用于指定 namenode 地址在 hadoop01 机器上 -->
                <value>hdfs://hadoop01:9000</value>
        </property>
        <!--配置 Hadoop 的临时目录,默认/tmp/hadoop-${user.name} -->
        <property>
                <name>hadoop.tmp.dir</name>
                <value>/export/servers/hadoop-2.7.4/tmp</value>
        </property>
</configuration>
```

在上述核心配置文件中，配置了 HDFS 的主进程 NameNode 运行主机（也就是此次 Hadoop 集群的主节点位置），同时配置了 Hadoop 运行时生成数据的临时目录。

3）修改 hdfs-site.xml 文件

该文件用于设置 HDFS 的 NameNode 和 DataNode 两大进程。打开该配置文件，添加如下配置内容。

```
<configuration>
        <!--指定 HDFS 副本的数量 -->
```

```xml
<property>
        <name>dfs.replication</name>
        <value>3</value>
</property>
<!--secondary namenode 所在主机的 ip 和端口-->
<property>
        <name>dfs.namenode.secondary.http-address</name>
        <value>hadoop02:50090</value>
</property>
</configuration>
```

在上述配置文件中,配置了 HDFS 数据块的副本数量(默认值就为 3,此处可以省略),并根据需要设置了 Secondary NameNode 所在服务的 HTTP 地址。

4)修改 mapred-site.xml 文件

该文件是 MapReduce 的核心配置文件,用于指定 MapReduce 运行时框架。在 etc/hadoop/目录中默认没有该文件,需要先通过"cp mapred-site.xml.template mapred-site.xml"命令将文件复制并重命名为"mapred-site.xml"。接着,打开 mapred-site.xml 文件进行修改,添加如下配置内容。

```xml
<configuration>
        <!--指定 MapReduce 运行时框架,这里指定在 YARN 上,默认是 local -->
        <property>
                <name>mapreduce.framework.name</name>
                <value>yarn</value>
        </property>
</configuration>
```

在上述配置文件中,就是指定了 Hadoop 的 MapReduce 运行框架为 YARN。

5)修改 yarn-site.xml 文件

本文件是 YARN 框架的核心配置文件,需要指定 YARN 集群的管理者。打开该配置文件,添加如下配置内容。

```xml
<configuration>
        <!--指定 YARN 集群的管理者(ResourceManager)的地址 -->
        <property>
                <name>yarn.resourcemanager.hostname</name>
                <value>hadoop01</value>
        </property>
        <property>
                <name>yarn.nodemanager.aux-services</name>
                <value>mapreduce_shuffle</value>
        </property>
</configuration>
```

在上述配置文件中,配置了 YARN 的主进程 ResourceManager 运行主机为 hadoop01,同时配置了 NodeManager 运行时的附属服务,需要配置为 mapreduce_shuffle 才能正常运行 MapReduce 默认程序。

6）修改 slaves 文件

该文件用于记录 Hadoop 集群所有从节点（HDFS 的 DataNode 和 YARN 的 NodeManager 所在主机）的主机名，用来配合一键启动脚本启动集群从节点（并且还需要保证关联节点配置了 SSH 免密登录）。打开该配置文件，删除文件中默认存在的内容（默认 localhost）后，配置如下内容。

```
hadoop01
hadoop02
hadoop03
```

在上述配置文件中，配置了 Hadoop 集群所有从节点的主机名为 hadoop01、hadoop02 和 hadoop03（这是因为此次在该 3 台机器上搭建 Hadoop 集群，同时前面的配置文件 hdfs-site.xml 指定了 HDFS 服务副本数量为 3）。

2. 将集群主节点的配置文件分发到其他子节点

完成 Hadoop 集群主节点 hadoop01 的配置后，还需要将系统环境配置文件、JDK 安装目录和 Hadoop 安装目录分发到其他子节点 hadoop02 和 hadoop03 上（注意：需提前在这两个分发的节点上创建/export/servers/目录），具体指令如下。

```
$ scp /etc/profile hadoop02:/etc/profile
$ scp /etc/profile hadoop03:/etc/profile
$ scp -r /export/servers/ hadoop02:/export/
$ scp -r /export/servers/ hadoop03:/export/
```

执行完上述所有指令后，还需要在其他子节点 hadoop02、hadoop03 上分别执行"source /etc/profile"指令初始化环境变量刷新配置文件。

至此，整个集群所有节点就都有了 Hadoop 运行所需的环境和文件，Hadoop 集群也就安装配置完成。在 2.2.4 节中，将对此次安装配置的集群进行安装校验，确认 Hadoop 集群的正常运行。

2.2.4　Hadoop 集群测试

在 2.2.3 节中对 Hadoop 相关配置文件进行了修改，为了验证集群服务能否正常协调运行，本节将通过一系列操作对集群进行测试，保证 Hadoop 集群正常运行。

1. 格式化文件系统

通过前面小节的学习，已经完成了 Hadoop 集群的安装和配置。此时还不能直接启动集群，因为在初次启动 HDFS 集群时，必须对主节点进行格式化处理，具体指令如下。

```
$ hdfs namenode -format
```

或者

```
$ hadoop namenode -format
```

执行上述任意一条指令都可以对 Hadoop 集群进行格式化。执行格式化指令后，必须出现 successfully formatted 信息才表示格式化成功，如图 2-55 所示，格式化成功后就可以正式启动集群了；否则，就需要查看指令是否正确，或者检查之前 Hadoop 集群的安装和配置是否正确。

图 2-55　格式化文件系统

另外需要注意的是，上述格式化指令只需要在 Hadoop 集群初次启动前执行即可，后续重复启动就不再需要执行格式化了。

2. 启动和关闭 Hadoop 集群

针对 Hadoop 集群的启动，需要启动内部包含的 HDFS 集群和 YARN 集群两个集群框架。启动方式有两种：一种是单节点逐个启动，另一种是使用脚本一键启动。

1）单节点逐个启动和关闭

单节点逐个启动的方式，需要参照以下方式逐个启动 Hadoop 集群服务需要的相关服务进程，具体步骤如下。

（1）在主节点上执行以下指令启动 HDFS NameNode 进程。

```
$ hadoop-daemon.sh start namenode
```

（2）在每个从节点上执行以下指令启动 HDFS DataNode 进程。

```
$ hadoop-daemon.sh start datanode
```

（3）在主节点上执行以下指令启动 YARN ResourceManager 进程。

```
$ yarn-daemon.sh  start resourcemanager
```

（4）在每个从节点上执行以下指令启动 YARN NodeManager 进程。

```
$ yarn-daemon.sh start nodemanager
```

(5) 在规划节点 hadoop02 执行以下指令启动 SecondaryNameNode 进程。

```
$ hadoop-daemon.sh start secondarynamenode
```

上述介绍了单节点逐个启动和关闭 Hadoop 集群服务的方式。另外，当需要停止相关服务进程时，只需要将上述指令中的 start 更改为 stop 即可。

2) 脚本一键启动和关闭

启动集群还可以使用脚本一键启动，前提是需要配置 slaves 配置文件和 SSH 免密登录（例如，本书采用 hadoop01、hadoop02、hadoop03 三台节点，为了在任意一台节点上执行脚本一键启动 Hadoop 服务，那么就必须在三台节点包括自身节点均配置 SSH 双向免密登录）。

使用脚本一键启动 Hadoop 集群，可以选择在主节点上参考如下方式进行启动。

(1) 在主节点 hadoop01 上执行以下指令启动所有 HDFS 服务进程。

```
$ start-dfs.sh
```

(2) 在主节点 hadoop01 上执行以下指令启动所有 YARN 服务进程。

```
$ start-yarn.sh
```

上述使用脚本一键启动的方式，先启动集群所有的 HDFS 服务进程，再启动所有的 YARN 服务进程，整个 Hadoop 集群的服务就启动完成了。

另外，还可以在主节点 hadoop01 上执行 start-all.sh 指令，直接启动整个 Hadoop 集群服务。不过在当前版本已经不再推荐执行该指令启动 Hadoop 集群了，并且执行这种指令启动服务会有警告提示。

同样，当需要停止相关服务进程时，只需要将上述指令中的 start 更改为 stop 即可（即使用 stop-dfs.sh、stop-yarn.sh 来关停服务）。

在整个 Hadoop 集群服务启动完成之后，可以在各自机器上通过 jps 指令查看各节点的服务进程启动情况，分别如图 2-56～图 2-58 所示。

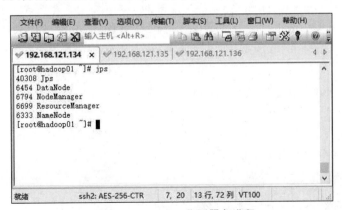

图 2-56　hadoop01 集群服务进程

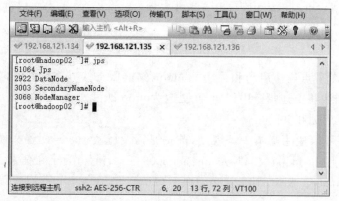

图 2-57　hadoop02 集群服务进程

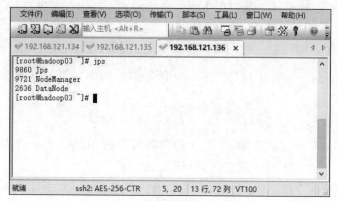

图 2-58　hadoop03 集群服务进程

从图 2-56～图 2-58 可以看出，hadoop01 节点上启动了 NameNode、DataNode、ResourceManager 和 NodeManager 四个服务进程；hadoop02 上启动了 DataNode、NodeManager 和 SecondaryNameNode 三个 Hadoop 服务进程；hadoop03 上启动了 DataNode 和 NodeManager 两个服务进程，说明 Hadoop 集群启动正常。

注意：读者在进行前面 Hadoop 集群的配置和启动时，可能会出现例如 NodeManager 进程无法启动或者启动后自动结束的情况，此时可以 Hadoop 安装目录中 logs 目录下的 yarn-root-nodemanager-hadoop01.log 日志文件（哪台未启动查看哪台的日志文件），如果出现 "NodeManager from hadoop01 doesn't satisfy minimum allocations, Sending SHUTDOWN signal to the NodeManager." 这样的错误，主要是因为系统内存和资源分配不足。此时，可以参考在所有节点的 yarn-site.xml 配置文件中添加如下参数进行适当调整。调整完成后，停止 Hadoop 集群服务，删除 Hadoop 安装目录中的 tmp 和 logs 文件夹，重新进行格式化操作指令 "hadoop namenode -format"。

```
<property>
    <!--定义NodeManager上要提供给正在运行的容器的全部可用资源大小 -->
    <name>yarn.nodemanager.resource.memory-mb</name>
    <value>2048</value>
```

```
    </property>
    <property>
        <!--NodeManager 可以分配的 CPU 核数 -->
        <name>yarn.nodemanager.resource.cpu-vcores</name>
        <value>1</value>
    </property>
```

上述配置文件中，yarn.nodemanager.resource.memory-mb 表示该节点上 NodeManager 可使用的物理内存总量，默认是 8192(MB)，如果节点内存资源不够 8GB，则需要适当调整；yarn.scheduler.minimum-allocation-mb 表示每个容器可申请的最少物理内存量，默认是 1024(MB)；yarn.nodemanager.resource.cpu-vcores 表示 NodeManager 总的可用虚拟 CPU 核数。

2.2.5 通过 UI 界面查看 Hadoop 运行状态

Hadoop 集群正常启动后，它默认开放了两个端口 50070 和 8088，分别用于监控 HDFS 集群和 YARN 集群。通过 UI 界面可以方便地进行集群的管理和查看，只需要在本地操作系统的浏览器中输入集群服务的 IP 和对应的端口号即可访问。

为了后续方便查看，可以在本地宿主机的 hosts 文件（Windows 7 操作系统下路径为 C：\Windows\System32\drivers\etc）中添加集群服务的 IP 映射，具体内容示例如下（读者需要根据自身集群构建进行相应的配置）。

```
192.168.121.134 hadoop01
192.168.121.135 hadoop02
192.168.121.136 hadoop03
```

想要通过外部 UI 界面访问虚拟机服务，还需要对外开放配置 Hadoop 集群服务端口号。这里，为了后续学习方便，就直接将所有集群节点防火墙进行关闭即可，具体操作如下。

在所有集群节点上执行如下指令关闭防火墙。

```
$ service iptables stop
```

在所有集群节点上执行如下指令禁止防火墙开机启动。

```
$ chkconfig iptables off
```

执行完上述所有操作后，再通过宿主机的浏览器分别访问 http：//hadoop01：50070（集群服务 IP＋端口号）和 http：//hadoop01：8088 查看 HDFS 和 YARN 的 Web UI 界面，分别如图 2-59 和图 2-60 所示。

从图 2-59 和图 2-60 可以看出，Hadoop 集群的 HDFS 和 YARN 的 UI 界面访问正常，证明 Hadoop 集群运行正常，在 UI 界面可以更方便地进行集群状态管理和查看。

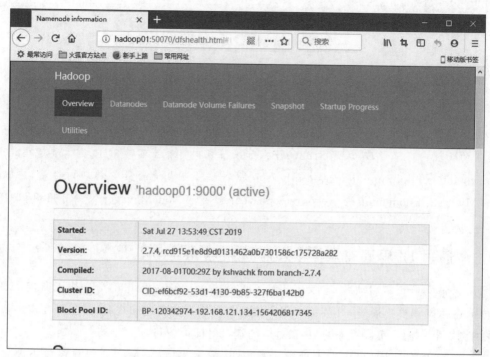

图 2-59　HDFS 的 Web UI 界面

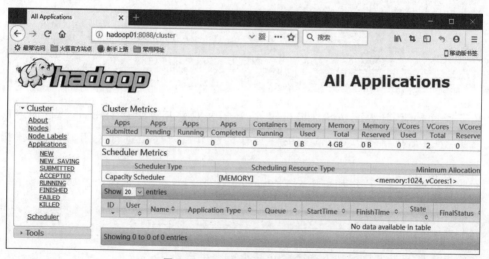

图 2-60　YARN 的 Web UI 界面

2.3　Hive 安装

2.3.1　Hive 的安装模式

　　Hive 的安装模式分为三种,分别是嵌入模式、本地模式和远程模式。下面针对这三种模式进行介绍。

（1）嵌入模式：使用内嵌的 Derby 数据库存储元数据，这种方式是 Hive 的默认安装方式，配置简单，但是一次只能连接一个客户端，适合用来测试，不适合生产环境。

（2）本地模式：采用外部数据库存储元数据，该模式不需要单独开启 Metastore 服务，因为本地模式使用的是和 Hive 在同一个进程中的 Metastore 服务。

（3）远程模式：与本地模式一样，远程模式也是采用外部数据库存储元数据。不同的是，远程模式需要单独开启 Metastore 服务，每个客户端都在配置文件中配置连接该 Metastore 服务。远程模式中，Metastore 服务和 Hive 运行在不同的进程中。

2.3.2　Hive 的安装

本地和远程模式安装配置方式大致相同，本质上是将 Hive 默认的元数据存储介质由自带的 Derby 数据库替换为 MySQL 数据库，这样无论在任何目录下以任何方式启动 Hive，只要连接的是同一台 Hive 服务，那么所有节点访问的元数据信息是一致的，从而实现元数据的共享。下面就以本地模式为例，在 Hadoop01 虚拟机中讲解安装过程。

本地模式的 Hive 安装主要包括两个步骤：安装 MySQL 服务和安装 Hive。具体步骤如下。

1. 安装 MySQL 服务

MySQL 安装方式有许多种，可以直接解压安装包进行相关配置，也可以选择在线安装，本节选用在线安装 MySQL 方式。在线安装 MySQL 的具体指令和说明如下。

```
//下载安装 MySQL
$ yum install mysql mysql-server mysql-devel -y
//启动 MySQL 服务
$ /etc/init.d/mysqld start
//MySQL 连接并登录 MySQL 服务
$ mysql
```

上述指令中，通过执行 yum install 命令下载并安装 MySQL 程序，并且启动 MySQL 服务，待服务启动完成后使用 MySQL 命令连接到 MySQL 客户端。

进入 MySQL 客户端后，分别对 MySQL 数据库密码进行修改（可选），并设置允许远程登录权限，具体指令如下。

```
//修改登录 MySQL 用户名及密码
mysql>USE mysql;
mysql>UPDATE user SET Password=PASSWORD('123456') WHERE user='root';
//设置允许远程登录
mysql>GRANT ALL PRIVILEGES ON *.* TO 'root'@'%' IDENTIFIED BY
'123456' WITH GRANT OPTION;
//使更新的权限表加载到内存中
mysql>FLUSH PRIVILEGES;
```

验证上一步中 MySQL 的用户密码是否设置成功，在 MySQL 的命令行中输入 exit 指令退出当前登录，此时在 Shell 中通过输入 mysql 指令则无法直接连接并登录 MySQL 服务,需通过输入如下指令 mysql -u root -p 指定用户和密码连接并登录 MySQL 服务,如图 2-61 所示。

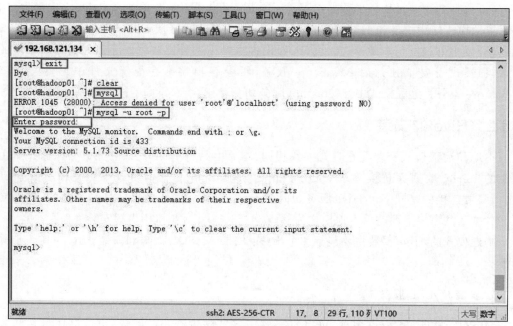

图 2-61 登录 MySQL 服务

2. 安装 Hive

在 Apache 镜像网站下载 Linux 下的 Hive 安装包(本次教材使用 1.2.1 版本),下载地址:http://archive.apache.org/dist/hive/hive-1.2.1/。下载完毕后,将安装包 apache-hive-1.2.1-bin.tar.gz 上传至 Linux 系统中(通过上一节中 Hadoop 安装使用到的 rz 命令进行上传)的/export/software 文件夹下,将压缩包解压至/export/servers 文件夹下,命令如下。

```
$ tar -zxvf /export/software/apache-hive-1.2.1-bin.tar.gz
-C /export/servers/
```

此时进入到 Hive 安装目录的 bin 目录下,通过输入指令"./hive"便可启动 Hive 程序,如图 2-62 所示。

然而 Hive 处于嵌入模式,使用的是内嵌 Derby 数据库存储元数据,当退出 Hive 客户端时会发现,在当前路径下默认生成了 derby.log 文件,该文件是记录用户操作 Hive 的日志文件,由于嵌入模式元数据不会共享,那么在其他路径下打开 Hive 客户端会创建新的 derby.log 文件,因此上一客户端进行的任何操作当前用户均无法访问。

3. Hive 的配置

通过 Hive 配置文件将 Hive 默认的元数据存储介质由自带的 Derby 数据库替换为 MySQL 数据库。

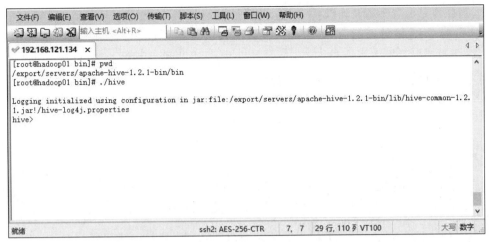

图 2-62 启动 Hive 程序

(1) 修改 hive-env.sh 配置文件,配置 Hadoop 环境变量。

进入 Hive 安装目录下的 conf 文件夹,将 hive-env.sh.template 文件进行复制,然后重命名为 hive-env.sh,具体指令如下。

```
$ cd /export/servers/apache-hive-1.2.1-bin/conf
$ cp hive-env.sh.template hive-env.sh
```

修改 hive-env.sh 配置文件,添加 Hadoop 环境变量,如图 2-63 所示,具体内容如下。

```
export HADOOP_HOME=/export/servers/hadoop-2.7.4
```

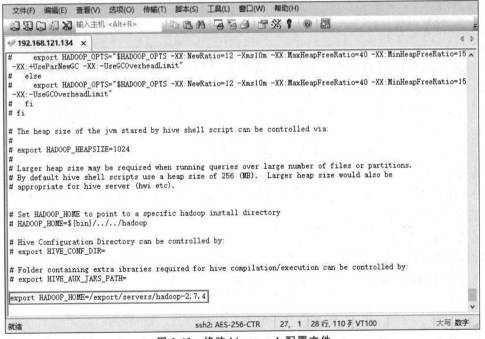

图 2-63 修改 hive-env.sh 配置文件

上述操作是设置 Hadoop 环境变量,作用是无论系统是否配置 Hadoop 环境变量,在 Hive 执行时,一定能够通过 hive-env.sh 配置文件去加载 Hadoop 环境变量,由于在部署 Hadoop 集群时已经配置了全局 Hadoop 环境变量,因此也可以不设置该参数。

(2) 添加 hive-site.xml 配置文件,配置 MySQL 相关信息。

由于 Hive 安装目录下的 conf 目录中没有提供 hive-site.xml 文件,这里需要在 conf 目录下使用指令"vi hive-site.xml"创建并编辑一个 hive-site.xml 配置文件,添加的内容如下。

```xml
<configuration>
    <property>
        <name>javax.jdo.option.ConnectionURL</name>
        <value>jdbc:mysql://localhost:3306/hive?
            createDatabaseIfNotExist=true</value>
        <description>MySQL连接协议</description>
    </property>
    <property>
        <name>javax.jdo.option.ConnectionDriverName</name>
        <value>com.mysql.jdbc.Driver</value>
        <description>JDBC连接驱动</description>
    </property>
    <property>
        <name>javax.jdo.option.ConnectionUserName</name>
        <value>root</value>
        <description>用户名</description>
    </property>
    <property>
        <name>javax.jdo.option.ConnectionPassword</name>
        <value>123456</value>
        <description>密码</description>
    </property>
</configuration>
```

完成配置后,Hive 会把默认使用 Derby 数据库方式所覆盖。需要注意的是,由于使用了 MySQL 数据库,那么就需要上传 MySQL 连接驱动的 JAR 包到 Hive 安装目录下的 lib 文件夹下,本教材使用 mysql-connector-java-5.1.32.jar,MySQL 驱动包的下载地址 https://mvnrepository.com/artifact/mysql/mysql-connector-java/5.1.32,在/export/servers/apache-hive-1.2.1-bin/lib 目录下使用 rz 命令上传即可。至此就完成了本地模式的安装。

如果使用远程模式的安装方式,只需要将 hive-site.xml 配置文件中的 localhost 修改为具有 MySQL 服务的节点 IP 即可,这样无论用户通过什么路径启动 Hive 客户端,都可以访问相同的元数据信息。

小提示:为了便于启动 Hive 程序,不用每次都进入到 Hive 安装目录的 bin 目录下,可以将 Hive 的环境变量添加到/etc 目录下的 profile 文件中,之后就可以在任意目录下通过 hive 指令启动 Hive 程序。具体配置内容如下所示。

```
export HIVE_HOME=/export/servers/apache-hive-1.2.1-bin
export PATH=$PATH:$HIVE_HOME/bin
```

(3) 验证 Hive 是否将默认使用 Derby 数据库改为 MySQL 数据库。

进入 MySQL 数据库，输入查看数据库的指令 show databases 来查看 MySQL 中的所有数据库，可以发现在数据库列表中多出一个 hive 名称的数据库，这个数据库就是用于储存 Hive 的元数据信息，如图 2-64 所示。

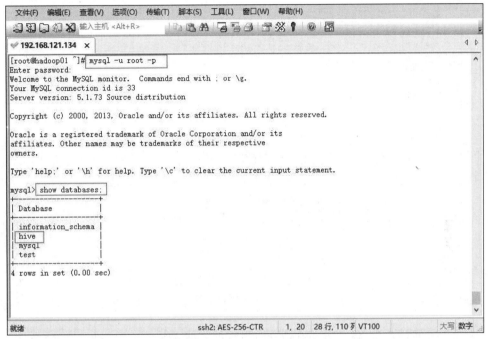

图 2-64　查看 MySQL 数据库

此时在启动 Hive 的目录下就不会再生成 derby.log 文件。

2.4　Sqoop 安装

Sqoop 的安装配置非常简单，前提是部署 Sqoop 工具的机器需要具备 Java 和 Hadoop 的运行环境。本书将采用编写时稳定版本 Sqoop 1.4.6 来讲解 Sqoop 的安装配置，下载地址 http：//archive.apache.org/dist/sqoop/1.4.6/，安装包名称为 sqoop-1.4.6.bin__hadoop-2.0.4-alpha.tar.gz。

1. Sqoop 安装

在 export/software 目录下通过执行 rz 指令将下载好的安装包上传至 hadoop01 主节点的/export/software 目录中，并解压至/export/servers 路径下，对解压后的文件夹进行重命名，具体指令如下。

```
$ tar -zxvf /export/software/sqoop-1.4.6.bin__hadoop-2.0.4-alpha.tar.gz
-C /export/servers/
$ mv sqoop-1.4.6.bin__hadoop-2.0.4-alpha/ sqoop-1.4.6
```

执行完上述 Sqoop 的下载解压后,就完成了 Sqoop 的安装。通过在 Sqoop 安装目录的 bin 目录下执行"./sqoop help"命令查看 Sqoop 的可用命令,如图 2-65 所示。

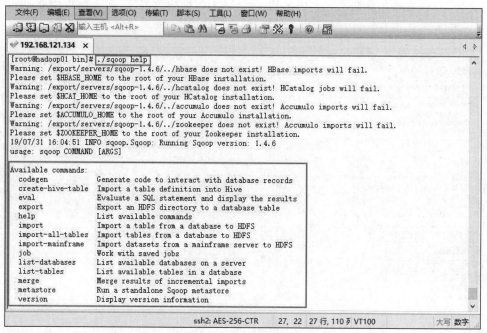

图 2-65 查看 Sqoop 命令

从图 2-65 可以看出,运行 Sqoop 命令时出现的一些 Warning 警告可以忽略不计,这里只是提醒我们没有安装指定的一些软件,例如 HBase、ZooKeeper 等。

2. Sqoop 配置

通过配置 Sqoop 配置文件设置 Hadoop 和 Hive 的安装目录来指定 Hadoop 和 Hive 的运行环境。

(1)先进入 Sqoop 安装目录中的 conf 文件夹目录下,执行 cp 指令将 sqoop-env-template.sh 文件复制并重命名为 sqoop-env.sh,在该文件中添加如下内容。

```
export HADOOP_COMMON_HOME=/export/servers/hadoop-2.7.4
export HADOOP_MAPRED_HOME=/export/servers/hadoop-2.7.4
export HIVE_HOME=/export/servers/apache-hive-1.2.1-bin
```

修改后的 sqoop-env.sh 文件效果如图 2-66 所示。

在图 2-66 中的 sqoop-env.sh 配置文件中,需要配置的是 Sqoop 运行时必备环境的安装目录,Sqoop 运行在 Hadoop 之上,因此必须指定 Hadoop 环境。另外,在配置文件中还可以根据需求自定义配置 HBase、Hive 和 ZooKeeper 等环境变量,如果某些程序的环境变量未配置,使用过程中可能会出现警告提示,但不影响其他操作。

小提示:需要说明的是,本书讲解的 Hadoop 是 Apache 社区版本,Hadoop 重要的组件都是安装在一个安装包中,所以上述配置文件中配置的 HADOOP_COMMON_HOME 与

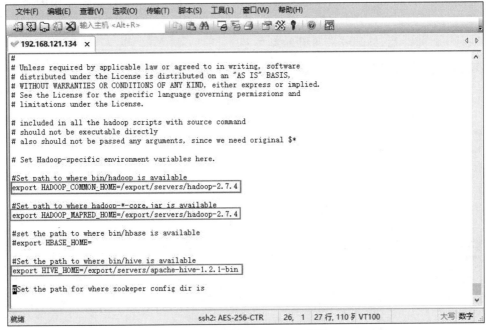

图 2-66　修改 sqoop-env.sh 文件

HADOOP_MAPRED_HOME 指定的 Hadoop 安装目录一致。如果使用第三方的 Hadoop，这些组件都是可选择配置的，那么这两个路径可能会有所不同。

（2）为了后续方便 Sqoop 使用和管理，可以配置 Sqoop 系统环境变量。使用"vi /etc/profile"指令进入到 profile 文件，并添加 Sqoop 系统环境变量，具体如下。

```
export SQOOP_HOME=/export/servers/sqoop-1.4.6
export PATH=$PATH:$SQOOP_HOME/bin:
```

配置完成后直接保存退出，接着执行 source /etc/profile 指令初始化环境变量刷新配置文件即可。

（3）当完成前面 Sqoop 的相关配置后，还需要根据所操作的关系型数据库添加对应的 JDBC 驱动包，用于数据库连接。本书将针对 MySQL 数据库进行数据迁移操作，所以需要将 mysql-connector-java-5.1.32.jar（版本可以自行选择）包上传至 Sqoop 解压包目录的 lib 文件夹下。

3. Sqoop 效果测试

执行完上述 Sqoop 的安装配置操作后，就可以执行 Sqoop 相关指令来验证 Sqoop 的执行效果了，具体指令如下（此次在 Sqoop 的解压包下执行，同时注意数据库密码）。

```
$ sqoop list-databases \
  --connect jdbc:mysql://localhost:3306/ \
  --username root --password 123456
```

上述指令中，sqoop list-databases 用于输出连接的本地 MySQL 数据库中的所有数据库，如果正确返回指定地址的 MySQL 数据库信息，则说明 Sqoop 配置完毕。

执行上述指令后，终端效果如图 2-67 所示。

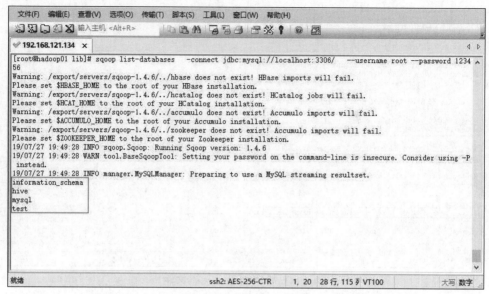

图 2-67　Sqoop 验证效果

从图 2-67 可以看出，执行完上述指令后，通过 Sqoop 成功查询出连接的 MySQL 数据库中的所有数据库名，说明成功地安装和配置了 Sqoop。

至此，本书中整个项目的大数据集群环境搭建完成，后续将在此环境中利用这些大数据技术实现招聘网站职位分析。

小结

本章主要讲解了大数据集群环境的搭建，包括虚拟机的创建、CentOS 操作系统的安装、CentOS 操作系统的基本配置及基本命令的使用方法、Hadoop 集群搭建及常用操作命令、Hive 安装配置及 HSQL 的使用方法、Sqoop 安装配置及基本操作、MySQL 的安装及简单操作。通过本章的学习，读者可搭建起基本的大数据实验环境，为开展后续的项目内容奠定基础。

第 3 章 数据采集

学习目标

- 了解 HTTP；
- 了解爬虫的基本原理；
- 掌握 HDFS API 的基本使用；
- 熟悉 HttpClient 爬虫的使用方法。

在大数据时代背景下，未被使用的信息比例高达 99.4％，原因很大程度都是由于高价值的信息无法获取采集。因此，如何从大数据中采集出有用的信息已经是大数据发展的关键因素之一，数据采集可视为大数据产业的基石。

数据是开展本书项目重要的基础，本章将以爬虫的方式讲述如何使用 Java 工具获取网络数据。

3.1 知识概要

在编写数据采集程序前，先对网络数据采集所涉及的知识点做简单介绍，以奠定网络数据采集的基础知识。

3.1.1 数据源分类

确定数据采集的数据源是数据处理成功的关键因素，也是数据分析的基础。数据源作为数据处理的最底层，主要有三大类数据，分别是系统日志、网络数据和数据库数据，关于这三类数据的采集介绍如下。

1. 系统日志采集

许多公司的业务平台每天都会产生大量的日志数据。由这些日志信息，我们可以得到很多有价值的数据。通过对这些日志信息进行采集，并对采集的数据进行数据分析，可以挖掘出公司业务平台日志数据中的潜在价值。

2. 网络数据采集

通过网络爬虫和一些网站平台提供的公共 API(如 Twitter 和新浪微博 API)等方式来获取网站上的数据，从而可以将网页中的非结构化数据和半结构化数从网页中提取出来，通过清洗和转换操作得到结构化的数据,然后存储为结构统一的本地文件数据。

3. 数据库采集

一些企业会使用传统的关系型数据库 MySQL 和 Oracle 等来存储数据。除此之外,NoSQL 数据库 Redis 和 MongoDB 也常用于数据的采集。大多数的企业后台几乎每时每刻都会产生业务数据,这些业务数据会以数据库一行记录的形式被直接写入到数据库中。通过数据库采集系统直接与企业业务后台服务器结合,将企业业务后台每时每刻都在产生大量的业务记录写入到数据库中,最后由特定的处理分析系统进行系统分析。

本章将网络数据作为数据源,通过提取、清洗和转换操作,得到结构化数据,后续将以这些结构化数据为基础进行数据分析。

3.1.2 HTTP 请求过程

在浏览器中输入一个 URL 链接便可以在浏览器页面中浏览该 URL 的页面内容。从输入 URL 链接到浏览页面内容,整个过程是通过浏览器向网站所在服务器发送了一个 HTTP 请求,请求头会包含一些这个请求的信息,服务器接收到请求后进行处理和解析,返回一个 HTTP 响应,浏览器接收返回的响应,响应中包含页面的源代码等内容,浏览器接收到响应后对其内容进行解析,最终将网页内容呈现在浏览器窗口中,如图 3-1 所示。

图 3-1 HTTP 请求过程

在 Chrome 浏览器中,通过按 F12 键进入开发者模式,查看 Network 一栏中请求页面的详细内容,如图 3-2 所示。

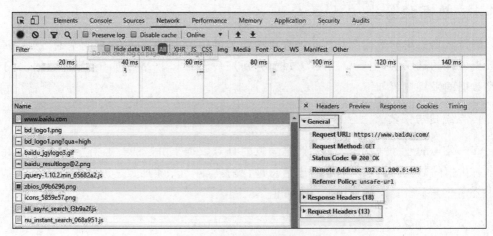

图 3-2 请求页面的详细内容

从图 3-2 中可以看出,General 部分包含 5 个参数,具体介绍如下。

（1）Request URL 参数：请求的 URL 地址。

（2）RequestMethod 参数：请求方法。

（3）Status Code 参数：响应状态码。

（4）Remote Address 参数：远程服务器的地址和端口号。

（5）Referrer Policy 参数：Referrer 判别策略指定该请求是从哪个页面跳转来的，常被用于分析用户来源等信息。

在图 3-2 中有 ResponseHeaders 和 RequestHeaders 两部分内容，它们分别代表响应头和请求头。请求头里带有许多请求信息，例如浏览器标识、Cookies、Host 等信息，服务器会根据请求头内的信息判断请求是否合法，进而做出对应的响应，响应中包含服务器的类型、文档类型、日期等信息，浏览器接收到响应后，会解析响应内容，进而呈现网页内容。接下来，将对 HTTP 请求和响应进行详细介绍。

1. HTTP 请求

HTTP 请求由客户端向服务端发出，可以分为 4 部分内容：请求方法（Request Method）、请求的网址（Request URL）、请求头（Request Headers）、请求体（Request Body）。

（1）请求方法。

常见的请求方法分为两种：GET 请求和 POST 请求。

在浏览器的地址栏中直接输入 URL 链接可当作发起一次 GET 请求，GET 请求的参数会包含在 URL 链接中。例如，在百度中搜索 Java，链接则变为 https://www.baidu.com/s? wd=Java，其中，URL 包含请求的参数信息，wd 代表要检索的关键字。POST 请求多用于表单提交，例如，注册用户时，输入用户名、密码和手机号等信息后，单击"注册"按钮，这时客户端通常会向服务端发起一个 POST 请求，这些数据通常以表单的形式传输，而不会出现在 URL 中。

综上所述，在安全性方面，POST 请求的安全性比 GET 请求要高很多，通过 GET 请求提交的数据，用户名和密码都将会以明文的方式出现在 URL 之中，假如注册界面被浏览器缓存，你的账号密码就可以通过查看浏览器历史记录被别人获取到。然而 POST 请求则可以避免出现这种情况。

（2）请求的网址：指请求地址的 URL 链接。

（3）请求头。

HTTP 请求头是指在超文本传输协议的请求消息中协议头部分的组件。HTTP 请求头用来准确描述正在获取的资源、服务器或者客户端的行为，定义了 HTTP 事务中的具体操作参数。下面介绍一些常见的 HTTP 请求头。

① Accept：请求报头域，用于指定客户端可接受哪些类型的信息。

② Accept-Language：指定客户端可接受的语言类型。

③ Accept-Encoding：指定客户端可接受的内容编码。

④ Host：用于指定请求资源的主机 IP 和端口号，其内容为请求 URL 的原始服务器或网关的位置。从 HTTP1.1 版本开始，请求必须包含此内容。

⑤ Cookie：也常用复数形式 Cookies，这是网站为了辨别用户进行会话跟踪而存储在用户本地的数据。Cookie 的主要功能是维持当前访问会话。

⑥ Referrer：主要用于标识请求是从哪个页面发过来的，服务器获取到这一信息，做相应的处理，例如，对来源统计和防盗链进行处理操作。

⑦ User-Agent：简称 UA，它是一个特殊的字符串头，可以使服务器识别客户使用的操作系统及版本、浏览器及版本等信息。在做爬取数据时加上此信息，可以伪装为浏览器；如果不加，很可能会被识别为爬取数据。

⑧ Content-Type：也叫互联网媒体类型（Internet Media Type）或者 MIME 类型，在 HTTP 消息头中，它用来表示具体请求中的媒体类型信息。例如，text/html 代表 HTML 格式，image/gif 代表 GIF 图片，application/json 代表 JSON 类型。

因此，请求头是请求的重要组成部分，在写爬虫时，大部分情况下都需要设定请求头。

(4) 请求体。

请求体通常出现在 POST 请求中，用于存放 POST 请求中的表单数据，而对于 GET 请求而言，请求体为空。

2. HTTP 响应

HTTP 响应由服务器返回给客户端，可以分为三部分：响应状态码（Response Status Code）、响应头（Response Headers）和响应体（Response Body），接下来对这三部分内容进行详细讲解。

1) HTTP 响应状态码

HTTP 响应状态码表示服务器返回给客户端的响应状态，例如，常见的响应代码 200 代表服务器正常响应，404 代表页面未找到，500 代表服务器内部发生错误等。在爬虫中，可以根据状态码来判断服务器响应状态，如状态码 200，则证明成功返回数据。

2) 响应头

响应头包含服务器对客户端请求的应答信息，如 Content-Type、Server、Set-Cookie 等。下面介绍一些常见的 HTTP 响应头。

(1) Date：标识响应产生的时间。

(2) Content-Encoding：指定响应内容的编码。

(3) Server：包含服务器的信息，例如名称、版本号等。

(4) Content-Type：文档类型，指定返回的数据类型是什么，如 text/html 代表返回 HTML 文档，application/x-javascript 代表返回 JavaScript 文件，image/jpeg 则代表返回图片。

(5) Set-Cookie：设置 HTTP Cookie。

(6) Expires：指定响应的过期时间，可以使代理服务器或浏览器将加载的内容更新到缓存中，如果再次访问时，就可以直接从缓存中加载，降低服务器负载，缩短加载时间。

(7) Content-Language：响应体的语言。

3) 响应体

最重要的当属响应体的内容了。响应的正文数据都在响应体中，例如请求网页时，它的响应体就是网页的 HTML 代码；请求一张图片时，它的响应体就是图片的二进制数据。我们做爬虫请求网页后，要解析的内容就是响应体。

3.1.3 认识 HttpClient

HttpClient 是 Apache Jakarta Common 下的子项目,用来提供高效的、最新的、功能丰富的支持 HTTP 的客户端编程工具包,并且它支持 HTTP 最新的版本和建议。HttpClient 已经应用在很多的项目中,例如 Apache Jakarta 上很著名的另外两个开源项目 Cactus 和 HTMLUnit 都使用了 HttpClient。

使用 HttpClient 发送请求、接收响应很简单,一般需要如下几步。

(1) 创建 HttpClient 对象。

(2) 创建请求方法的实例,并指定请求 URL。如果需要发送 GET 请求,创建 HttpGet 对象;如果需要发送 POST 请求,创建 HttpPost 对象。

(3) 如果需要发送请求参数,可调用 HttpGet、HttpPost 共同的 setParams (HttpParams params)方法来添加请求参数;对于 HttpPost 对象而言,也可调用 setEntity (HttpEntity entity)方法来设置请求参数。

(4) 调用 HttpClient 对象的 execute(HttpUriRequest request)发送请求,该方法返回一个 HttpResponse。

(5) 调用 HttpResponse 的 getAllHeaders()、getHeaders(String name)等方法可获取服务器的响应头;调用 HttpResponse 的 getEntity()方法获取 HttpEntity 对象,该对象包装服务器的响应内容,程序可通过该对象获取服务器的响应内容。

(6) 释放连接。无论执行方法是否成功,都必须释放连接。

3.2 分析与准备

通过 3.1 节内容了解到网络数据采集的一些基础知识,帮助我们从理论知识方面了解网络数据采集,本节主要对要采集的数据结构进行分析以及创建编写数据采集程序的环境,为最终编写数据采集程序做准备。由于网站结构的不确定性以及不可控性,很可能出现分析网页数据结构时出现实际显示的网站结构内容与教材所展示的不符,以及后续实现采集网页数据时无法爬取网站数据的情况。如果出现上述两种情况,读者可跳过 3.2 节和 3.3 节的学习,直接使用配套资源提供的已爬取数据进行后续操作。

3.2.1 分析网页数据结构

在爬取网站数据前要先通过分析网站的源码结构制定爬虫程序的编写方式,以便能获取准确的数据。

使用 Google 浏览器进入开发者模式,切换到 Network 这一项,在浏览器的地址栏中输入要爬取数据网站的 URL,在职位搜索栏中输入想要分析的职位进行检索,这时候可以看到服务器返回的内容,因为内容较多,不太容易找到职位信息数据,所以通过设置过滤,过滤掉不需要的信息,如图 3-3 所示。

因为该网站的职位信息并不在 HTML 源代码里,而是保存在 JSON 文件里,因此在图 3-3 中的过滤一栏中选择 XHR(XML Http Request)过滤规则,这样就可以只看到 Ajax

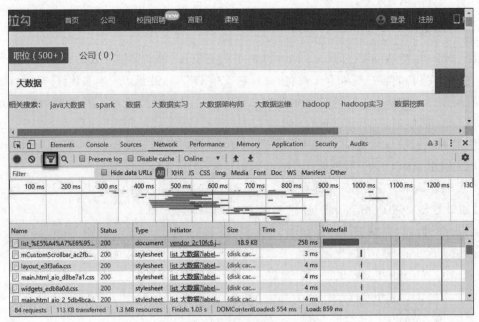

图 3-3　查看网站 Network 信息

请求中的 JSON 文件了,我们将要获取的职位信息数据也在这个 JSON 文件中,如图 3-4 所示。

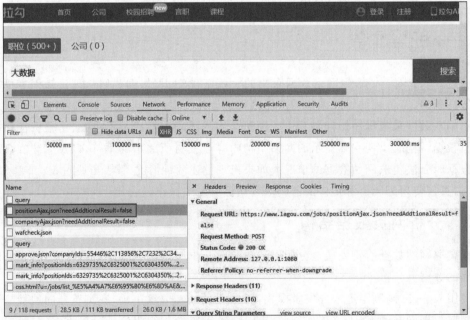

图 3-4　设置过滤内容

单击图 3-4 中 positionAjax.json 这一条信息,在弹出的窗口选择 Preview 选项,通过逐级展开 JSON 文件中的数据,在 content→positionResult→result 下查看大数据相关的职位信息,如图 3-5 所示。

第 3 章 数据采集

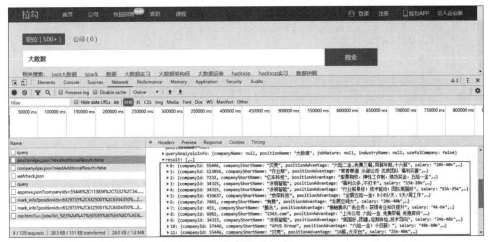

图 3-5 查看大数据相关的职位信息

3.2.2 数据采集环境准备

本章编写数据采集程序主要通过 Eclipse 开发工具完成，本节将详细讲解如何通过 Eclipse 工具编程，实现网络数据的采集。

（1）打开 Eclipse 工具，单击 File→New→Other，进入 Select a wizard 界面，选择要创建工程的类别，这里选择的是 Maven Project，即创建一个 Maven 工程，具体如图 3-6 所示。

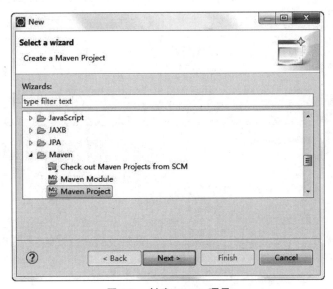

图 3-6 创建 Maven 项目

（2）在图 3-6 中选择创建 Maven Project，单击 Next 按钮，进入新建项目类别的选择界面，勾选 Create a simple project 复选框，创建一个简单的 Maven 工程，具体如图 3-7 所示。

（3）在图 3-7 中，单击 Next 按钮，进入 Maven 工程的配置界面，即指定 Group Id 为 com.itcast.jobcase，指定 Artifact Id 为 jobcase-reptile，并在 Packaging 下拉选项框中选择打包方式为 jar，如图 3-8 所示。

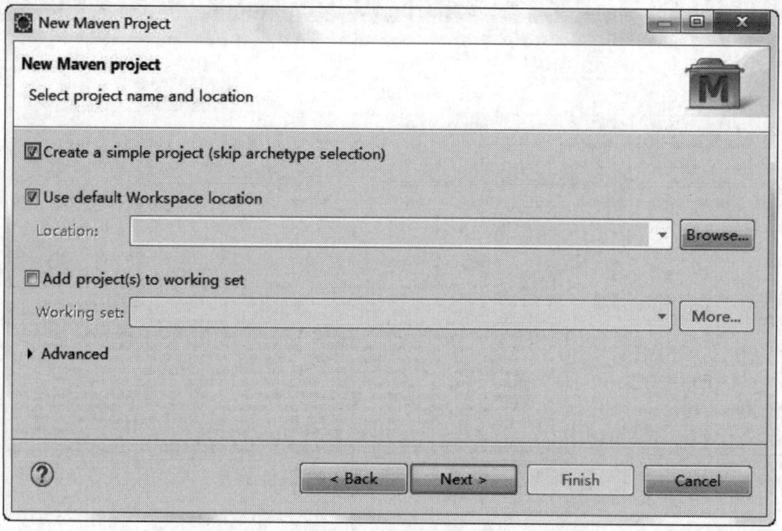

图 3-7 选择创建一个简单的 Maven 工程

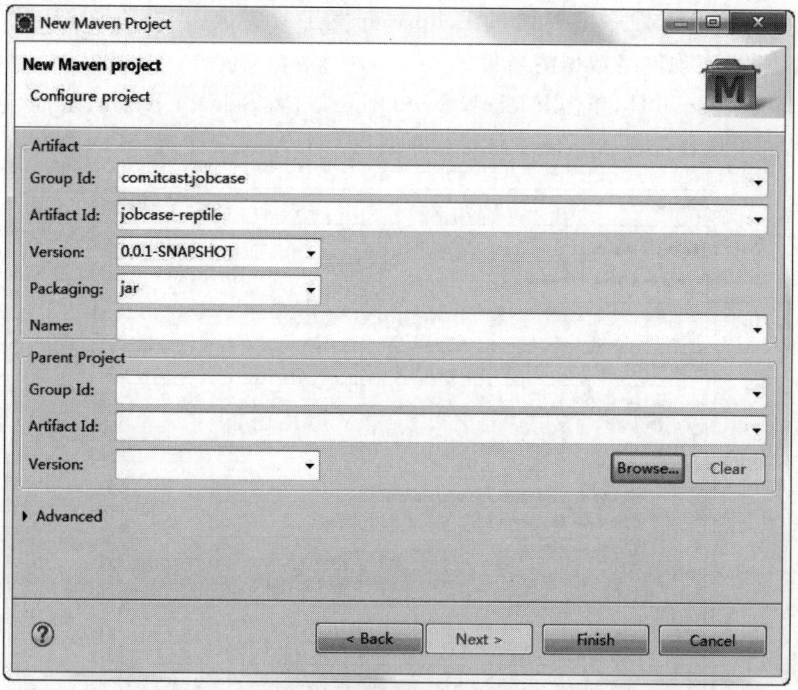

图 3-8 配置 Maven 工程

（4）在图 3-8 中，单击 Finish 按钮，完成 Maven 工程的配置，创建好的 Maven 工程 jobcase-reptile 如图 3-9 所示。

（5）在图 3-9 中，双击 jobcase-reptile 工程，选中 src/main/java 文件夹，右键单击 New→Package 创建 Package 包，并命名包名为 com.position.reptile，如图 3-10 所示。

（6）在图 3-10 中，单击 Finish 按钮，完成 Package 包的创建，创建好的 Package 包如图 3-11 所示。

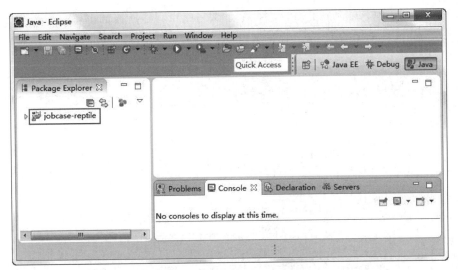

图 3-9　Maven 工程 jobcase-reptile

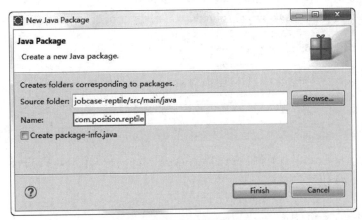

图 3-10　创建 Package 包

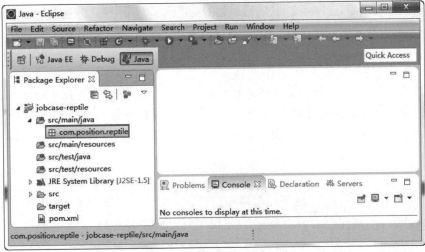

图 3-11　com.position.reptile 包

（7）在图 3-11 中，双击 pom.xml 文件，添加编写爬虫程序所需的 HttpClient 和 JDK 1.8 依赖。pom.xml 文件添加的内容，具体如文件 3-1 所示。

文件 3-1　pom.xml

```
1  <project xmlns=http://maven.apache.org/POM/4.0.0
2           xmlns:xsi=http://www.w3.org/2001/XMLSchema-instance xsi:schemaLocation=
   "http://maven.apache.org/POM/4.0.0  http://maven.apache.org/xsd/maven-4.0.0.xsd">
3      <modelVersion>4.0.0</modelVersion>
4      <groupId>com.itcast.jobcase</groupId>
5      <artifactId>jobcase-reptile</artifactId>
6      <version>0.0.1-SNAPSHOT</version>
7      <dependencies>
8          <dependency>
9              <groupId>org.apache.httpcomponents</groupId>
10             <artifactId>httpclient</artifactId>
11             <version>4.5.4</version>
12         </dependency>
13         <dependency>
14             <groupId>jdk.tools</groupId>
15             <artifactId>jdk.tools</artifactId>
16             <version>1.8</version>
17             <scope>system</scope>
18             <systemPath>${JAVA_HOME}/lib/tools.jar</systemPath>
19         </dependency>
20     </dependencies>
21 </project>
```

（8）选中 jobcase-reptile 工程，右键单击选择 Maven→Update Project 更新工程。至此，就完成了 Maven 工程的搭建。

3.3　采集网页数据

通过前两节的学习，了解了数据采集相关的基础内容，并构建了开展数据采集的基本环境，在后续一节中将详细讲解通过 Java 语言编写基于 HttpClient 的数据采集程序。

3.3.1　创建响应结果 JavaBean 类

本项目采集的网页数据为 HTTP 请求过程中的响应结果数据，通过创建的 HttpClient 响应结果对象作为数据存储的载体，对响应结果中的状态码和数据内容进行封装。

在 com.position.reptile 包下，创建名为 HttpClientResp.java 文件的 JavaBean 类，如文件 3-2 所示。

文件 3-2　HttpClientResp.java

```
1 import java.io.Serializable;
2 public class HttpClientResp implements Serializable {
3     private static final long serialVersionUID =2168152194164783950L;
4     //响应状态码
```

```
5       private int code;
6       //响应数据
7       private String content;
8       //定义无参和有参的构造方法
9       public HttpClientResp() {
10      }
11      public HttpClientResp(int code) {
12          this.code = code;
13      }
14      public HttpClientResp(String content) {
15          this.content = content;
16      }
17      public HttpClientResp(int code, String content) {
18          this.code = code;
19          this.content = content;
20      }
21      //定义属性的get/set方法
22      public int getCode() {
23          return code;
24      }
25      public void setCode(int code) {
26          this.code = code;
27      }
28      public String getContent() {
29          return content;
30      }
31      public void setContent(String content) {
32          this.content = content;
33      }
34      //重写toString方法
35      @Override
36      public String toString() {
37          return "[code=" + code + ", content=" + content + "]";
38      }
39  }
```

3.3.2 封装HTTP请求的工具类

在com.position.reptile包下，创建一个命名为HttpClientUtils.java文件的工具类，用于实现HTTP请求的方法。

（1）在类中定义三个全局常量，便于在类中的方法统一访问，下面是这三个常量的概述。

① ENCODING：表示定义发送请求的编码格式。

② CONNECT_TIMEOUT：表示设置建立连接超时时间。

③ SOCKET_TIMEOUT：表示设置请求获取数据的超时时间。

为了有效地防止程序阻塞，可以在程序中设置CONNECT_TIMEOUT和SOCKET_TIMEOUT这两项参数，通过在类中定义常量的方式定义参数的内容，如文件3-3所示。

文件3-3　HttpClientUtils.java

```
1   //编码格式,发送编码格式统一用UTF-8
2   private static final String ENCODING = "UTF-8";
3   //设置连接超时时间,单位毫秒
4   private static final int CONNECT_TIMEOUT = 6000;
5   //请求获取数据的超时时间(即响应时间),单位毫秒
6   private static final int SOCKET_TIMEOUT = 6000;
```

（2）编写packageHeader()方法。

在工具类中定义packageHeader()方法用于封装HTTP请求头的参数,如Cookie、User-Agent等信息,该方法中包含两个参数,分别为params和httpMethod,如文件3-4所示。

文件3-4　HttpClientUtils.java

```
1   public static void packageHeader(Map<String, String>params,
2   HttpRequestBase httpMethod) {
3       //封装请求头
4       if (params != null) {
5       /**
6        * 通过entrySet()方法从params中返回所有键值对的集合,并保存在entrySet中
7        * 通过foreach()方法每次取出一个键值对保存在一个entry中
8        */
9       Set<Entry<String, String>>entrySet =params.entrySet();
10      for (Entry<String, String>entry : entrySet) {
11      //通过entry分别获取键-值,将键-值参数设置到请求头HttpRequestBase对象中
12          httpMethod.setHeader(entry.getKey(), entry.getValue());
13          }
14      }
15  }
```

文件3-4中的params参数的数据类型为Map<String,String>,主要用于封装请求头中的参数,其中,Map的Key表示请求头参数的名称,Value代表请求头参数的内容。例如,在请求头中加入参数Cookie,那么Map的Key则为Cookie,Value则为Cookie的具体内容。

httpMethod参数为HttpRequestBase类型,HttpRequestBase是一个抽象类,用于调用子类HttpPost实现类。

（3）编写packageParam()方法。

设置HTTP请求头向服务器发送请求,通过设置请求参数来指定获取哪些类型的数据内容,具体需要哪些参数以及这些参数的作用,会在后续的代码中进行讲解。在工具类中定义packageParam()方法用于封装HTTP请求参数,该方法中包含两个参数,分别为params和httpMethod,如文件3-5所示。

文件3-5　HttpClientUtils.java

```
1   public static void packageParam(Map<String, String>params,
2       HttpEntityEnclosingRequestBase httpMethod)
3       throws UnsupportedEncodingException {
```

```
4      //封装请求参数
5      if (params !=null) {
6          /**
7           * NameValuePair 是简单名称值对节点类型。
8           * 多用于 Java 向 url 发送 Post 请求。在发送
9           * post 请求时用该 list 来存放参数。
10          */
11         List<NameValuePair>nvps =new ArrayList<NameValuePair>();
12         /**
13          * 通过 entrySet()方法从 params 中返回所有键值对的集合，
14          * 并保存在 entrySet 中,通过 foreach 方法每次取出一
15          * 个键值对保存在一个 entry 中。
16          */
17         Set<Entry<String, String>>entrySet =params.entrySet();
18             for (Entry<String, String>entry : entrySet) {
19                 //分别提取 entry 中的 key 和 value 放入 nvps 数组中。
20                 nvps.add(new BasicNameValuePair(entry.getKey(),
21                     entry.getValue()));
22                 }
23             //设置到请求的 http 对象中,这里的 ENCODING 为之前创建的编码常量。
24             httpMethod.setEntity(new UrlEncodedFormEntity(nvps,ENCODING));
25     }
26 }
```

上述代码中，params 参数为 Map＜String，String＞类型，用于封装请求参数中的参数名称及参数值，httpMethod 参数为 HttpEntityEnclosingRequestBase 类型，是一个抽象类，其实现类包括 HttpPost、HttpPatch、HttpPut，是 HttpRequestBase 的子类，将设置的请求参数封装在 HttpEntityEnclosingRequestBase 对象中。

（4）编写 HttpClientResp()方法。

前两步已经创建了封装请求头和请求参数的方法，按照 HTTP 请求的流程在服务器接收到请求后服务器将返回请求端响应内容，在工具类中定义 getHttpClientResult()方法用于获取 HTTP 响应内容，该方法中包含三个参数，分别为 httpResponse、httpClient 和 httpMethod，该方法包含返回值，返回值类型为之前定义的实体类 HttpClientResp，其中内容包括响应代码和响应内容，如文件 3-6 所示。

文件 3-6　HttpClientUtils.java

```
1  public static HttpClientResp
2      getHttpClientResult(CloseableHttpResponse httpResponse,
3      CloseableHttpClient httpClient, HttpRequestBase httpMethod)
4      throws Exception {
5      //通过请求参数 httpMethod 执行 HTTP 请求
6      httpResponse =httpClient.execute(httpMethod);
7      //获取 HTTP 的响应结果
8      if (httpResponse !=null && httpResponse.getStatusLine() !=null){
9          String content ="";
10         if (httpResponse.getEntity() !=null) {
11             //将响应结果转为 String 类型,并设置编码格式
```

```
12              content =EntityUtils.toString(httpResponse.getEntity()
13                        , ENCODING);
14          }
15          /**
16          * 返回HttpClientResp实体类的对象,这两个参数分
17          * 别代表实体类中的code属性和content属性,分别代
18          * 表响应代码和响应内容。
19          */
20          return new HttpClientResp(httpResponse
21                    .getStatusLine().getStatusCode(), content);
22      }
23      //如果没有接收到响应内容则返回响应的错误信息
24      return new HttpClientResp(HttpStatus.SC_INTERNAL_SERVER_ERROR);
25 }
```

在上述代码中,创建的getHttpClientResult()方法包含三个参数:httpResponse参数为CloseableHttpResponse类型,用于在服务器接收并解释请求消息之后以HTTP响应消息进行响应,我们将要获取的响应内容就是通过该参数获取;httpClient参数为CloseableHttpClient类型,用于表示HTTP请求执行的基础对象;httpMethod参数为HttpRequestBase类型,用于实现HttpPost。

(5) 编写doPost()方法。

在前面创建了请求头、请求参数以及获取响应内容的方法。接下来将讲解通过HttpClient Post方式提交请求头和请求参数,从服务端返回状态码和JSON数据内容。(注意:选取请求方法要与爬取网站规定的请求方法一致,可以通过之前讲过的开发者模式中的Network查看,如图3-12所示),如文件3-7所示。

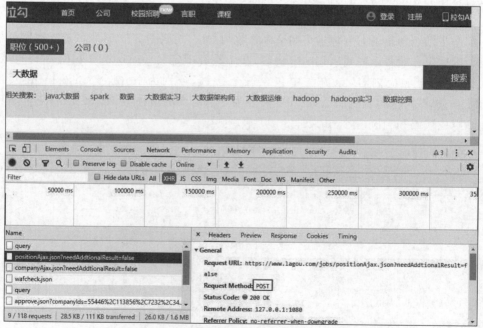

图3-12 请求方法

文件 3-7　HttpClientUtils.java

```java
1  public static HttpClientResp doPost(String url,
2      Map<String, String>headers,
3      Map<String, String>params) throws Exception {
4      //创建 httpClient 对象
5      CloseableHttpClient httpClient =HttpClients.createDefault();
6      //创建 httpPost 对象
7      HttpPost httpPost =new HttpPost(url);
8      /**
9       * setConnectTimeout:设置连接超时时间,单位毫秒。
10      * setConnectionRequestTimeout:设置从 connect Manager(连接池)
11      * 获取 Connection
12      * 超时时间,单位毫秒。这个属性是新加的属性,因为目前版本是可以共享连接池的。
13      * setSocketTimeout:请求获取数据的超时时间(即响应时间),单位毫秒。如果
14      * 访问一个接口,多少时间内无法返回数据,就直接放弃此次调用。
15      */
16     //封装请求配置项
17     RequestConfig requestConfig =RequestConfig.custom()
18             .setConnectTimeout(CONNECT_TIMEOUT)
19             .setSocketTimeout(SOCKET_TIMEOUT)
20             .build();
21     //设置 post 请求配置项
22     httpPost.setConfig(requestConfig);
23     //通过创建的 packageHeader()方法设置请求头
24     packageHeader(headers, httpPost);
25     //通过创建的 packageParam()方法设置请求参数
26     packageParam(params, httpPost);
27     //创建 httpResponse 对象获取响应内容
28     CloseableHttpResponse httpResponse =null;
29     try {
30         //执行请求并获得响应结果
31         return getHttpClientResult(httpResponse, httpClient, httpPost);
32     } finally {
33         //释放资源
34         release(httpResponse, httpClient);
35     }
36  }
```

上述代码中的 doPost()方法,定义的返回值类型为实体类 HttpClientResp 对象,方法中包含三个参数,分别如下。

① url：进行数据采集的网站链接。

② headers：请求头数据。

③ params：请求参数数据。

在 doPost()方法中调用已创建的 getHttpClientResult()方法获取响应结果数据并作为方法的返回值。

在释放资源一行代码会报错,因为释放资源方法需要通过自行创建后去调用,下面将编写释放资源的方法。

(6) 编写 release()方法。

HttpClient 在使用过程中要注意资源释放和超时处理的问题，如果线程资源无法释放，会导致线程一直在等待，最终导致内存或线程被大量占用。这里创建了一个释放资源的方法 release()主要用于释放 httpclient(HTTP 请求)对象资源和 httpResponse(HTTP 响应)对象资源，如文件 3-8 所示。

文件 3-8　HttpClientUtils.java

```java
1  public static void release(CloseableHttpResponse httpResponse,
2      CloseableHttpClient httpClient) throws IOException {
3      //释放资源
4      if (httpResponse !=null) {
5          httpResponse.close();
6      }
7      if (httpClient !=null) {
8          httpClient.close();
9      }
10 }
```

至此，HttpClient 的所有工具类准备完毕，后续直接在实现网页数据采集的主类中调用这些方法即可，通过编写存储数据的工具类，实现将采集的网页数据存储到 HDFS 上。

3.3.3　封装存储在 HDFS 的工具类

通过前两节的操作可以成功采集招聘网站的数据，为了便于后续对数据的预处理和分析，需要将数据采集程序获取的数据存储到本地或者集群中的 HDFS 上，本节将详细讲解如何将爬取的数据存放到 HDFS 上。

(1) 在 pom.xml 文件中添加 Hadoop 的依赖，用于调用 HDFS API，代码如文件 3-9 所示。

文件 3-9　pom.xml

```xml
1  <dependency>
2      <groupId>org.apache.hadoop</groupId>
3      <artifactId>hadoop-common</artifactId>
4      <version>2.7.4</version>
5  </dependency>
6  <dependency>
7      <groupId>org.apache.hadoop</groupId>
8      <artifactId>hadoop-client</artifactId>
9      <version>2.7.4</version>
10 </dependency>
```

(2) 在 com.position.reptile 包下，创建名为 HttpClientHdfsUtils.java 文件的工具类，实现将数据写入 HDFS 的方法 createFileBySysTime()，该方法包括三个参数：url(表示 Hadoop 地址)、fileName(表示存储数据的文件名称)和 data(表示数据内容)，如文件 3-10 所示。

文件 3-10　HttpClientHdfsUtils.java

```java
public static void createFileBySysTime(String url,
    String fileName,String data) {
    //指定操作 HDFS 的用户
    System.setProperty("HADOOP_USER_NAME", "root");
    Path path =null;
    //读取系统时间
    Calendar calendar =Calendar.getInstance();
    Date time =calendar.getTime();
    //格式化系统时间为年月日的形式
    SimpleDateFormat format =new SimpleDateFormat("yyyyMMdd");
    //获取系统当前时间并将其转换为 string 类型,fileName 即存储数据的文件夹名称
    String filePath =format.format(time);
    //构造 Configuration 对象,配置 Hadoop 参数
    Configuration conf =new Configuration();
    //实例化 URI 引入 uri
    URI uri =URI.create(url);
    //实例化 FileSystem 对象,处理文件和目录相关的事务
    FileSystem fileSystem;
    try {
        //获取文件系统对象
        fileSystem =FileSystem.get(uri,conf);
        //定义文件路径
        path =new Path("/JobData/"+filePath);
        //判断路径是否为空
        if (!fileSystem.exists(path)) {
            //创建目录
            fileSystem.mkdirs(path);
        }
        //在指定目录下创建文件
        FSDataOutputStream fsDataOutputStream =fileSystem.create(
            new Path(path.toString()+"/"+fileName));
        //向文件中写入数据
        IOUtils.copyBytes(new ByteArrayInputStream(data.getBytes()),
            fsDataOutputStream, conf, true);
        //关闭连接释放资源
        fileSystem.close();
    } catch (IOException e) {
        e.printStackTrace();
    }
}
```

上述代码中,指定在 Hadoop 集群的 HDFS 上创建/JobData 目录,用于存储当天爬取的数据,数据将以文件的形式存储在由当前系统日期的"年月日"组成目录下。

至此,将数据存储到 HDFS 上的工具类准备完成,后续直接在实现网页数据采集的主类中调用该方法即可实现将采集的数据实时存储到 HDFS 上,通过编写主方法实现网页数据采集功能。

3.3.4 实现网页数据采集

实现网页数据采集的详细过程分为如下几个步骤。

(1) 获取网站的请求头内容，可通过 Chrome 浏览器进入开发者模式查看请求头的详细内容，如图 3-13 所示。

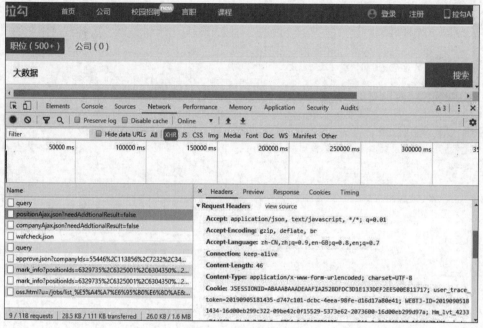

图 3-13 请求头数据

在图 3-13 中，将 Request Headers 一项中的参数以＜Key,Value＞形式写入到 Map 集合中作为数据采集程序的请求头，这么做的目的是模拟浏览器登录，Cookie 一栏参数只有登录才会产生，建议读者登录网站以获取 Cookie，防止爬虫失败。

(2) 在 com.position.reptile 包下，创建名为 HttpClientData.java 文件的主类，用于实现数据采集功能，在该类中创建 main() 方法，在 main() 方法中创建 Map 集合 headers，将请求头参数放入集合中，如文件 3-11 所示。

文件 3-11 HttpClientData.java

```
1  //设置请求头
2  Map<String, String>headers =new HashMap<String, String>();
3      headers.put("Cookie", "");
4      headers.put("Connection", "keep-alive");
5      headers.put("Accept",
6          "application/json, text/javascript, */*; q=0.01");
7      headers.put("Accept-Language","zh-CN, zh;q=0.9,en-GB;q=0.8,en;q=0.7");
8      headers.put("User-Agent",
9          "Mozilla/5.0 (Windows NT 10.0; Win64; x64) "
10         +"AppleWebKit/537.36 (KHTML, like Gecko) "
11         +"Chrome/75.0.3770.142 Safari/537.36");
```

```
12    headers.put("Content-Type",
13              "application/x-www-form-urlencoded; charset=UTF-8");
14    headers.put("Referer",
15        "https://www.lagou.com/jobs/list_%E5%A4%A7%E6%95%B0%E6%8D%AE?"
16        +"px=default&city=%E5%85%A8%E5%9B%BD");
17    headers.put("Origin", "https://www.lagou.com");
18    headers.put("X-Requested-With", "XMLHttpRequest");
19    headers.put("X-Anit-Forge-Token", "None");
20    headers.put("Cache-Control", "no-cache");
21    headers.put("X-Anit-Forge-Code", "0");
22    headers.put("Host", "www.lagou.com");
```

（3）在 HttpClientData 类的 main()方法中再创建一个 Map 集合 params，将请求参数放入集合中，本项目主要使用三个参数来指定获取的数据类型，这三个参数包括：kd（职位类型）、city（城市）和 pn（页数）。其中，pn 参数需要在每次 HTTP 请求中发生递增变化，作用在于爬取不同页面中的数据，因此向集合 params 中添加 pn 参数的操作应放在循环中进行，下面通过编写代码设置请求参数，如文件 3-12 所示。

文件 3-12　HttpClientData.java

```
1  Map<String, String>params =new HashMap<String, String>();
2  params.put("kd", "大数据");
3  params.put("city", "全国");
4  for (int i =1; i <31; i++) {
5      params.put("pn", String.valueOf(i));
6  }
```

通过上述代码中指定的请求参数可以看出，本实训项目获取的职位数据为全国的大数据相关职位信息，获取 30 页的数据内容进行后续的分析工作。

注意：参数名称要与网站指定的参数名称一致，可通过浏览器进入开发者模式进行查看，如果参数错误会导致客户端发送的请求服务端无法解析，无法获取数据。

（4）请求头和请求参数设置完毕后，通过 HttpClient 的 post 请求实现数据的获取，因为需要获取不同页面的数据，每个页面的 pn 参数都会发生变化（请求参数发生变化），因此获取数据的方法要放在上一步实现的 for 循环中，通过变化的参数获取数据，将数据保存到 HDFS 上，更新后的 for 循环内部代码如文件 3-13 所示。

文件 3-13　HttpClientData.java

```
1  for (int i =1; i <31; i++) {
2      params.put("pn", String.valueOf(i));
3      HttpClientResp result =HttpClientUtils
4              .doPost("https://www.lagou.com/jobs/positionAjax.json?"
5              +"needAddtionalResult=false&first=true&px=default",
6              headers,params);
7      HttpClientHdfsUtils.createFileBySysTime("hdfs://hadoop01:9000",
8              "page"+i,result.toString());
9      Thread.sleep(1 * 500);
10 }
```

在上述代码中，第 7~8 行代码调用 HDFS 工具类中的 createFileBySysTime() 方法，该方法所需要的三个参数分别为：Hadoop 地址、文件名和数据内容，用于实现将每一页的数据以文件的形式存储到 HDFS 上；第 9 行代码设置请求的间隔时间，便于防止请求过快而被服务器屏蔽。

在 Eclipse 开发工具中运行主类文件 HttpClientData.java，最终将采集的数据存储到 HDFS 的 /JobData/20190807 中，程序运行完成后在三台虚拟机中任意一台执行 Shell 指令 "hdfs dfs -ls /JobData/20190807"，均可查看最终采集的数据结果，需要注意的是 hdfs 上的创建目录名称是根据运行程序的时间而定，所以需根据个人运行程序的时间对指令中的目录进行修改，最终采集的数据结果如图 3-14 所示。

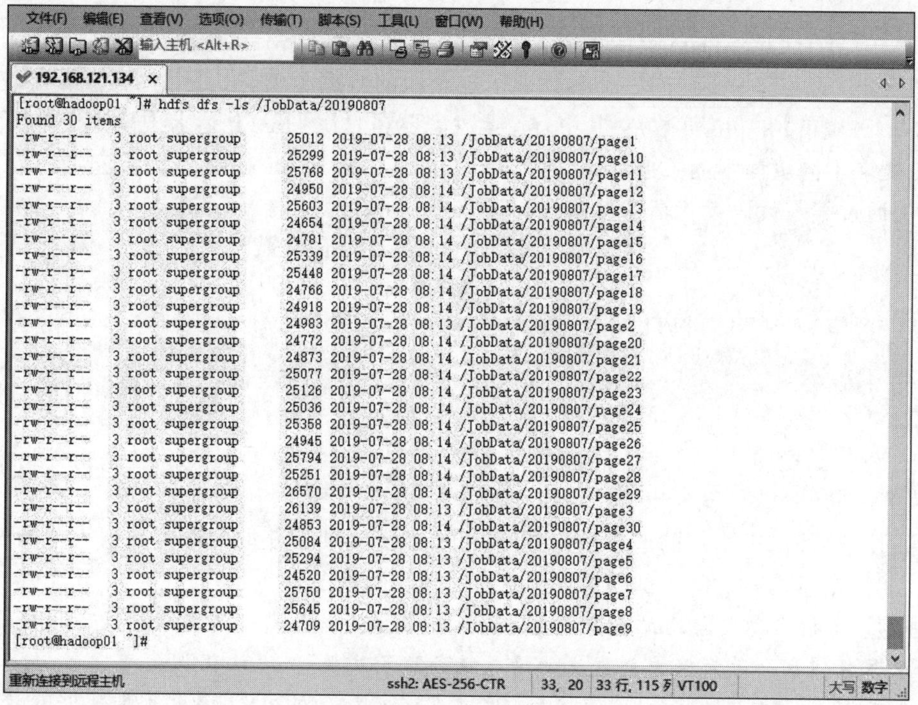

图 3-14 数据结果

注意：如读者在爬取数据时遇到问题，例如 IP 或者用户被锁定，导致数据无法获取，可在网页中退出当前登录的账户并清除浏览器缓存后关闭浏览器，等候几分钟后再次登录账户获取 Cookie，为了避免类似情况的发生，应避免频繁地爬取数据。因为爬取数据存在不可控性，若无法获取数据，读者也可在本书提供的配套资源中下载使用已经准备好的数据。

小结

本章主要讲解网络数据采集程序的编写。首先，通过理论基础方面了解数据采集相关知识内容，其中包括数据源的分类、HTTP 的请求过程和 HttpClient 框架的基本介绍。然后，通过分析采集数据的结构制定程序的编写方案以及编写采集程序环境的准备。最后，实际开发一个爬取招聘网站数据的程序。通过本章的学习，读者可掌握通过 HttpClient 框架进行爬虫的技巧，熟悉编写爬虫程序的操作流程。

第 4 章
数据预处理

学习目标

- 了解数据预处理流程；
- 掌握编写 MapReduce 程序的方法；
- 熟悉 HDFS Shell 的基本使用；
- 掌握 MapReduce 程序的两种运行模式。

由于海量数据的来源是广泛的，数据类型也是多而繁杂的，因此，数据中会夹杂着不完整的、重复的以及错误的数据，如果直接使用这些原始数据的话，会严重影响数据决策的效率。因此，对原始数据进行预处理是大数据分析和应用过程中的关键环节。本章将针对第 3 章采集的数据进行预处理。

4.1 分析预处理数据

对数据进行预处理之前，有必要先分析一下要处理数据的数据结构，从而制定合理的数据预处理方案。第 3 章采集的数据都是以文件的形式保存在 HDFS 上，这里借助 SecureCRT 工具连接虚拟机并查看数据文件。这里以查看数据文件 page1 为例，在任意一台虚拟机执行指令 "hdfs dfs -cat /JobData/20190807/page1" 打开数据文件，文件中部分数据如图 4-1 所示。

图 4-1 数据文件内容

图 4-1 展示的数据内容是 JSON 格式，为了便于直观地查看数据结构的内容，通过 JSON 格式化工具对 page1 文件中的数据进行格式化处理，查看存储了职位信息的 result 字段，具体如图 4-2 所示。

图 4-2　格式化数据

在图 4-2 中，有很多关于职位信息的数据，因为本项目主要分析的内容是薪资、福利、技能要求、职位分布这四方面，所以重点分析表示薪资的 salary、表示职位所在城市的 city、表示技能要求的 skillLables、表示福利的 companyLabelList 和 positionAdvantage 这五个字段数据，具体分析如下。

1. salary

薪资字段的数据内容为字符串形式，例如，"20k～40k"表示薪资的区间值，其中，1k 代表 1000，则 20k～40k 可以理解为 20 000～40 000。为了便于后续对薪资数据进行分析，需要将提取出的薪资数据进行格式化处理，去除薪资数据中包含的"k"字符，将薪资数据保存为"20～40"的数据样式进行存储。

2. city

城市字段的数据内容为字符串形式，例如，"北京"表示招聘职位的城市，对该字段的预处理内容为直接提取即可，无须处理。

3. skillLabels

技能要求字段的数据内容为数组形式，例如，"["数据仓库","数据架构","Hadoop"]"

表示招聘职位需要掌握的多个技能。对该字段的内容需进行格式化处理，提取数组中的每一个数据，并将每一个技能数据通过"-"分隔符重新组合成新的字符串数据形式进行存储，便于后续将数据导入到数据仓库中。格式化后的结果为"数据仓库-数据架构-Hadoop"。

4. companyLabelList 和 positionAdvantage

在职位信息数据中有两个字段内容，包含福利标签数据 companyLabelList 字段和 positionAdvantage 字段，前者数据形式为数组，后者数据形式为字符串，数据预处理程序对这两个字段进行格式化处理，将这两个字段的每个福利标签进行提取并利用"-"作为分隔符合并成新的数据内容。

小提示：positionAdvantage 字段的数据较为特殊，该字段在招聘网站中没有规定数据格式，因此获取的数据会出现以多种形式作为分隔符分隔每个福利标签的字符串，在进行格式化处理时需考虑到多个常用的分隔符进行处理。

4.2 设计数据预处理方案

常用的数据预处理方法主要有数据清洗、数据集成、数据变换、数据归约等。在这里，使用数据清洗方法对采集的数据进行预处理。在本项目中，通过分布式系统基础架构 Hadoop 提供的 MapReduce 编程模型来编写 MapReduce 程序实现数据清洗。一般地，编写 MapReduce 程序需要包含 Mapper、Reducer 和 Job 这三个部分，但是，由于本项目中采集的数据只需要做预处理操作，而不需要进行合并处理，因此只需要编写 Mapper 阶段的代码即可。

下面通过一张图来描述如何通过编写 MapReduce 程序，实现将采集的源数据进行预处理得到目标数据的过程，具体如图 4-3 所示。

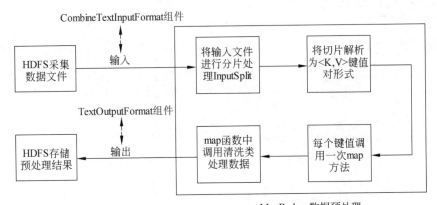

图 4-3　MapReduce 程序实现数据预处理的过程

从图 4-3 可以看出，MapReduce 程序实现数据预处理的过程主要分为以下几部分，具体介绍如下。

（1）MapReduce 通过默认组件 TextInputFormat 将 HDFS 输入的数据文件进行分片处理，本项目的数据文件为大量的小文件，因此在程序运行时会产生大量的 maptask，造成处理效率慢的问题。为了优化程序，这里将 TextInputFormat 替换为 CombineTextInputFormat，将多个小文件从逻辑上规划到一个切片中,这样多个小文件就可以交给一个 maptask 了。

(2) 对输入的切片按照默认的规则解析成<K,V>键值对的形式。"键(K)"是每一行的起始位置(单位是字节),"值(V)"是本行的文本内容。

(3) 将解析出的<K,V>键值对交给用户编写的 map() 函数处理。

(4) 在 map() 函数中调用数据清洗类实现数据预处理,并产生一系列新的<K,V>键值对。

(5) 当所有数据处理完成后,将所有数据合并到一个数据文件中,写到 HDFS 上。

4.3 实现数据的预处理

4.3.1 数据预处理环境准备

编写数据预处理程序前,需要先准备编写及运行程序的环境,包括创建工程和启动 Hadoop 集群,具体介绍如下。

1. 创建并配置工程

(1) 通过使用 Eclipse 开发工具,创建一个名称为 jobcase-clean 的 Maven 工程(创建工程的流程请参考第 3 章,这里不做赘述),如图 4-4 所示。

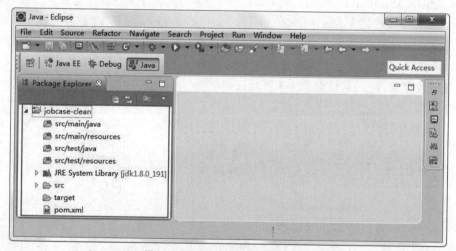

图 4-4 新建的 jobcase-clean 工程

(2) 打开 pom.xml 文件,添加与 Hadoop 相关的依赖,具体如文件 4-1 所示。

文件 4-1 pom.xml

```
1  <project xmlns=http://maven.apache.org/POM/4.0.0
2          xmlns:xsi=http://www.w3.org/2001/XMLSchema-instance
3  xsi:schemaLocation="http://maven.apache.org/POM/4.0.0
4  http://maven.apache.org/xsd/maven-4.0.0.xsd">
5      <modelVersion>4.0.0</modelVersion>
6      <groupId>com.itcast.jobcase</groupId>
```

```
7      <artifactId>jobcase-reptile</artifactId>
8      <version>0.0.1-SNAPSHOT</version>
9      <dependencies>
10         <dependency>
11             <groupId>org.apache.hadoop</groupId>
12             <artifactId>hadoop-common</artifactId>
13             <version>2.7.4</version>
14         </dependency>
15         <dependency>
16             <groupId>org.apache.hadoop</groupId>
17             <artifactId>hadoop-client</artifactId>
18             <version>2.7.4</version>
19         </dependency>
20     </dependencies>
21 </project>
```

配置完成后,右击项目选择 Maven 选项,单击 Update Project,完成项目工程的搭建。

2. 启动 Hadoop 集群

(1) 在 VMware 中依次启动服务器 Hadoop01、Hadoop02 和 Hadoop03,启动后使用 SecureCRT 工具连接这三台服务器,具体如图 4-5 所示。

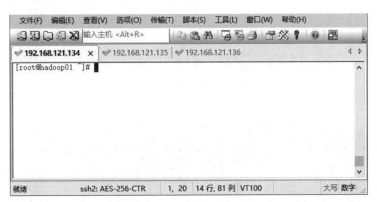

图 4-5　连接虚拟机

(2) 在任一服务器节点分别使用 start-dfs.sh 和 start-yarn.sh 两条 Shell 指令启动 Hadoop 进程。整个 Hadoop 集群服务启动后,可以使用 jps 指令查看各服务器节点的进程启动情况,具体如图 4-6~图 4-8 所示。

从图 4-6 ~ 图 4-8 可以看出,hadoop01 节点上启动了 NameNode、DataNode、ResourceManager 和 NodeManager 四个服务进程;hadoop02 上启动了 DataNode、NodeManager 和 SecondaryNameNode 三个 Hadoop 服务进程;hadoop03 上启动了 DataNode 和 NodeManager 两个服务进程,说明 Hadoop 集群启动正常。

4.3.2　创建数据转换类

编写数据转换类,实现对薪资、职位所在城市、技能要求和福利这四类数据的提取与处

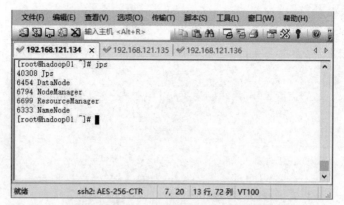

图 4-6　hadoop01 集群服务进程效果图

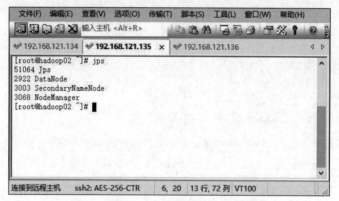

图 4-7　hadoop02 集群服务进程效果图

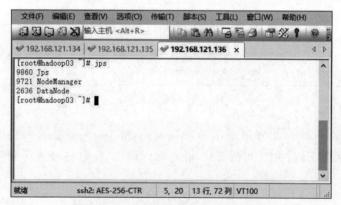

图 4-8　hadoop03 集群服务进程效果图

理,具体实现步骤如下。

1. 创建转换类

在 jobcase-clean 工程下的 src/main/java 文件夹下创建一个名称为 com.position.clean 的 Package 包,在包下创建 CleanJob 类,用于实现对职位信息数据进行转换操作,创建好的

CleanJob 类的代码具体如下。

```
1  public class CleanJob {
2  }
```

2. 编写实现处理薪资数据的方法

在 CleanJob 类中添加方法 deleteString(),用于对薪资字符串进行处理,即去除薪资中的"k"字符,具体代码如文件 4-2 所示。

文件 4-2　CleanJob.java

```
1  public class CleanJob {
2      public static String deleteString(String str, char delChar) {
3          StringBuffer stringBuffer = new StringBuffer("");
4          for (int i = 0; i < str.length(); i++) {
5              if (str.charAt(i) != delChar) {
6                  stringBuffer.append(str.charAt(i));
7              }
8          }
9          return stringBuffer.toString();
10     }
11 }
```

从文件 4-2 可以看出,deleteString()方法中包含两个参数 str(要处理的字符串)和 delChar(指定从字符串中剔除的字符),调用该方法时指定这两个参数实现薪资字符串中"k"字符的剔除,最终返回符合要求的字符串。

3. 编写实现处理福利数据的方法

在 CleanJob 类中添加方法 mergeString(),用于将 companyLabelList 字段中的数据内容和 positionAdvantage 字段中的数据内容进行合并处理,生成新字符串数据(以"-"为分隔符),具体代码如文件 4-3 所示。

文件 4-3　CleanJob.java

```
1   public static String mergeString(String position,
2           JSONArray company) throws JSONException{
3       String result = "";
4       if (company.length() != 0) {
5           for (int i = 0; i < company.length(); i++) {
6               result = result + company.get(i) + "-";
7           }
8       }
9       if (position != "") {
10          String[] positionList = position.split(" |;|,|、|,|;|/");
11          for (int i = 0; i < positionList.length; i++) {
12              result = result + positionList[i]
13                      .replaceAll("[\\pP\\p{Punct}]", "") + "-";
```

```
14         }
15     }
16     return result.substring(0, result.length()-1);
17 }
```

4. 编写实现处理技能数据的方法

在 CleanJob 类中添加方法 killResult(),用于将技能数据以"-"为分隔符进行分隔,生成新的字符串数据,具体代码如文件 4-4 所示。

文件 4-4 CleanJob.java

```
1  public static String killResult(JSONArray killData) throws JSONException{
2      String result ="";
3      if (killData.length() !=0) {
4          for (int i =0; i <killData.length(); i++) {
5              result = result + killData.get(i) + "-";
6          }
7          return result.substring(0, result.length()-1);
8      }else {
9          return "null";
10     }
11 }
```

5. 编写实现数据清洗的主方法

在 CleanJob 类中添加方法 resultToString()将数据文件中的每一条职位信息数据进行处理并重新组合成新的字符串形式,具体代码如文件 4-5 所示。

文件 4-5 CleanJob.java

```
1  public static String resultToString(JSONArray jobdata)
2              throws JSONException{
3      String jobResultData ="";
4      for (int i =0; i <jobdata.length(); i++) {
5          //获取每条职位信息
6          String everyData=jobdata.get(i).toString();
7          //将 String 类型的数据转为 JSON 对象
8          JSONObject everyDataJson =new JSONObject(everyData);
9          //获取职位信息中的城市数据
10         String city =everyDataJson.getString("city");
11         //获取职位信息中的薪资数据
12         String salary =everyDataJson.getString("salary");
13         //获取职位信息中的福利标签数据
14         String positionAdvantage =
15             everyDataJson.getString("positionAdvantage");
16         //获取职位信息中的福利标签数据
17         JSONArray companyLabelList =
```

```
18                everyDataJson.getJSONArray("companyLabelList");
19      //获取职位信息中的技能标签数据
20      JSONArray skillLables =
21                everyDataJson.getJSONArray("skillLables");
22      //处理薪资字段数据
23      String salaryNew =deleteString(salary, 'k');
24      String welfare =mergeString(positionAdvantage,
25                companyLabelList);
26      String kill =killResult(skillLables);
27      if (i ==jobdata.length()-1) {
28          jobResultData =jobResultData +city +","
29          +salaryNew +"," +welfare +"," +kill;
30      }
31      else {
32          jobResultData =jobResultData +city +","
33          +salaryNew +"," +welfare +"," +kill +"\n";
34      }
35   }
36   return jobResultData;
37 }
```

针对上述代码进行如下介绍。

第 3 行代码定义字符串类型的全局变量 jobResultData,用于存储每条职位数据中的薪资、城市、福利标签和技能标签这四个字段合并后的字符串内容,并作为方法的返回值(最终的数据清洗结果)。

第 4~35 行代码通过 for 循环遍历 JSONArray 数组 jobdata(每个数据文件包含的 15 条职位信息数据内容),实现从每一条职位信息数据中提取薪资、城市、福利标签和技能标签数据。

第 23~26 行代码调用处理数据的方法对提取的薪资、福利标签和技能标签数据进行格式化处理。

第 27~35 行代码,将四个字段的数据按照指定分隔符合并成新的字符串,为了避免每个数据文件中的最后一条职位数据与下一个数据文件中的第一条职位数据间产生空行,因此在整理最终输出数据时要对这两种情况以 if 判断的形式分开处理。

下面将讲解如何编写 Mapper 类,实现 Map 任务,也就是说,如何在 Mapper 类中直接调用清洗类中的 resultToString()方法,从而实现在 Map 任务中对数据的清洗。

4.3.3 创建实现 Map 任务的 Mapper 类

在 jobcase-clean 工程的 com.position.clean 包下创建一个名称为 CleanMapper 的类,用于实现 MapReduce 程序的 Map 方法,具体实现步骤如下所示。

(1) Hadoop 提供了一个抽象的 Mapper 基类,Map 程序需要继承这个基类,并实现其中相关的接口函数,因此我们将创建的 CleanMapper 类继承 Mapper 基类,并定义 Map 程序输入和输出的 Key 和 Value,如文件 4-6 所示。

文件 4-6　CleanMapper.java

```
1    public class CleanMapper extends Mapper<LongWritable, Text, Text,
2        NullWritable>{
3    }
```

定义 Map 程序的输入<K,V>分别为<LongWritable,Text>,输出的<K,V>为<Text,NullWritable>。

NullWritable 是 Writable 的特殊类,是一个不可变的单实例类型,它不从数据流中读数据,也不写入数据,只充当占位符。在 MapReduce 中,如果不需要使用键或值,就可以将键或值声明为 NullWritable。

(2) 在 Mapper 类中实现承担主要的处理工作的 map()方法,map()方法对输入的键值对进行处理,如文件 4-7 所示。

文件 4-7　CleanMapper.java

```
1    @Override
2    protected void map(LongWritable key, Text value, Conte xt context)
3            throws IOException, InterruptedException {
4        String jobResultData ="";
5    }
```

在上述代码中,第 4 行代码定义全局字符串变量 jobResultData,该变量作为 Map 程序输出的 key 值。

(3) 数据文件中包含两个字段 code 和 content,前者代表响应状态码,后者代表响应的内容即爬取的数据内容,在 map()方法中定义获取 content 字段内容的代码,如文件 4-8 所示。

文件 4-8　CleanMapper.java

```
1    //将每个数据文件的内容转为 String 类型
2    String reptileData =value.toString();
3    //通过截取字符串的方式获取 content 中的数据
4    String jobData =reptileData.substring(
5            reptileData.indexOf("=",reptileData.indexOf("=")+1)+1,
6            reptileData.length()-1);
```

在上述代码中,第 2 行代码将数据文件内容赋值给字符串变量 reptileData;第 4～6 行代码定义字符串变量 jobData,从字符串 reptileData 中截取 content 字段内容,并赋值给该变量。

(4) 在 content 字段中的 result 部分包含职位信息数据,content 字段的数据内容为 JSON 格式,为了便于从 content 字段中获取 result 部分的数据内容,这里通过将 content 字段的字符串形式转为 JSON 对象形式来获取,将获取的 result 内容传入数据转换类进行处理,处理结果作为 Map 输出的 Key 值,如文件 4-9 所示。

文件 4-9　CleanMapper.java

```
1   try {
2       //获取 content 中的数据内容
3       JSONObject contentJson =new JSONObject(jobData);
4       String contentData =contentJson.getString("content");
5       //获取 content 下 positionResult 中的数据内容
6       JSONObject positionResultJson =new JSONObject(contentData);
7       String positionResultData =
8       positionResultJson.getString("positionResult");
9       //获取最终 result 中的数据内容
10      JSONObject resultJson =new JSONObject(positionResultData);
11      JSONArray resultData =resultJson.getJSONArray("result");
12      jobResultData =CleanJob.resultToString(resultData);
13      context.write(new Text(jobResultData), NullWritable.get());
14  } catch (JSONException e) {
15      e.printStackTrace();
16  }
```

在上述代码中，第 3 行代码将字符串 jobData 转为 JSON 对象 contentJson；第 4～11 代码行从 content 中获取 result 内容，因为 result 中包含 15 条职位信息数据，所以为了便于将这些数据带入清洗类中的 resultToString()方法进行处理，这里将 result 转为 JSON 数组对象 resultData；第 12 行代码将 result 数组对象作为参数传入 resultToString()数据清洗方法进行处理，将处理后的结果赋值给 jobResultData；第 13 行代码将 jobResultData 作为 Map 的 key 值进行输出。

因为该 MapReduce 的数据清洗程序只需要 Map 程序，所以该数据也作为整个 MapReduce 程序的输出，至此整个 Mapper 类编写完成。

4.3.4　创建并执行 MapReduce 程序

在 jobcase-clean 工程的 com.position.clean 包下创建一个名称为 CleanMain 的类，用于实现 MapReduce 程序配置，具体代码如文件 4-10 所示。

文件 4-10　CleanMain.java

```
1   public class CleanMain {
2       public static void main(String[] args) throws IOException,
3       ClassNotFoundException, InterruptedException {
4           //控制台输出日志
5           BasicConfigurator.configure();
6           //初始化 Hadoop 配置
7           Configuration conf =new Configuration();
8           //定义一个新的 Job,第一个参数是 Hadoop 配置信息,第二个参数是 Job 的名字
9           Job job =new Job(conf, "job");
10          //设置主类
11          job.setJarByClass(CleanMain.class);
12          //设置 Mapper 类
13          job.setMapperClass(CleanMapper.class);
14          //设置 job 输出数据的 key 类
```

```
15      job.setOutputKeyClass(Text.class);
16      //设置 job 输出数据的 value 类
17      job.setOutputValueClass(NullWritable.class);
18      //数据输入路径
19      FileInputFormat.addInputPath(job,
20              new Path("hdfs://hadoop01:9000/JobData/20190807"));
21      //数据输出路径
22      FileOutputFormat.setOutputPath(job,
23              new Path("D:\\JobData\\out"));
24      System.exit(job.waitForCompletion(true) ?0 : 1);
25     }
26 }
```

本节实现的 MapReduce 程序为本地运行模式，主要用于对程序的测试，在 4.4 节中将讲解如何将 MapReduce 程序提交到 Hadoop 集群中运行。MapReduce 程序从 hdfs 存放爬取职位信息数据的目录读取数据文件，将最终的处理结果输出到本地 D 盘目录下。运行 MapReduce 程序，选中 Eclipse 的 MapReduce 程序主类 CleanMain，右击选择 Run As→Java Application 运行程序，待程序运行完成后在"D:\\JobData\\out"目录下使用文本编辑器 Notepad++打开"part-r-00000"文件查看最终输出结果，输出结果的部分内容如图 4-9 所示。

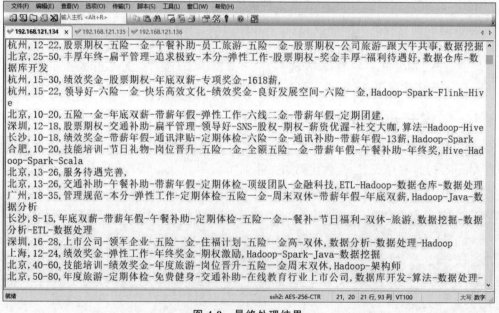

图 4-9 最终处理结果

4.4 将数据预处理程序提交到集群中运行

为了 MapReduce 程序可以充分利用集群的资源，本节将介绍如何将 MapReduce 程序提交到集群环境下运行，具体实现步骤如下所示。

1. 修改 MapReduce 程序主类

在 4.3 节的基础上修改 MapReduce 程序主类内容,如文件 4-11 所示。

文件 4-11　CleanMain.java

```java
import java.io.IOException;
import org.apache.hadoop.conf.Configuration;
import org.apache.hadoop.fs.Path;
import org.apache.hadoop.io.Text;
import org.apache.hadoop.mapreduce.Job;
import org.apache.hadoop.mapreduce.lib.input.CombineTextInputFormat;
import org.apache.hadoop.mapreduce.lib.input.FileInputFormat;
import org.apache.hadoop.mapreduce.lib.output.FileOutputFormat;
import org.apache.hadoop.util.GenericOptionsParser;
import org.apache.log4j.BasicConfigurator;
import com.position.clean.CleanMapper;
public class CleanMain {
    public static void main(String[] args) throws IOException,
    ClassNotFoundException, InterruptedException {
        //控制台输出日志
        BasicConfigurator.configure();
        //初始化 Hadoop 配置
        Configuration conf =new Configuration();
        //从 hadoop 命令行读取参数
        String[] otherArgs =new GenericOptionsParser(conf, args)
                .getRemainingArgs();
        //判断从命令行读取的参数正常是两个,分别是输入文件和输出文件的目录
        if(otherArgs.length !=2) {
            System.err.println("Usage: wordcount <in><out>");
            System.exit(2);
        }
        //定义一个新的 Job,第一个参数是 Hadoop 配置信息,第二个参数是 Job 的名字
        Job job =new Job(conf, "job");
        //设置主类
        job.setJarByClass(CleanMain.class);
        //设置 Mapper 类
        job.setMapperClass(CleanMapper.class);
        //处理小文件,默认是 TextInputFormat.class
        job.setInputFormatClass(CombineTextInputFormat.class);
        //n 个小文件之和不能大于 2MB
        CombineTextInputFormat.setMinInputSplitSize(job, 2097152);//2MB
        //在 n 个小文件之和大于 2MB 情况下,需满足 n+1 个小文件之和不能大于 4MB
        CombineTextInputFormat.setMaxInputSplitSize(job, 4194304);//4MB
        //设置 job 输出数据的 key 类
        job.setOutputKeyClass(Text.class);
        //设置 job 输出数据的 value 类
        job.setOutputValueClass(Text.class);
        //设置输入文件
        FileInputFormat.addInputPath(job, new Path(otherArgs[0]));
```

```
45        //设置输出文件
46        FileOutputFormat.setOutputPath(job, new Path(otherArgs[1]));
47        System.exit(job.waitForCompletion(true) ?0 : 1);
48    }
49 }
```

上述代码中,第 33~38 行代码把多个小文件合并处理,减少运行作业的 Map Task 数量以提高程序运行速度;第 43~46 行代码定义在集群环境下运行 MapReduce 程序的 Shell 命令中,第一个参数为输入数据的目录,第二个参数为输出结果的目录。

2. 创建 jar 包

(1) 通过 Maven 将数据预处理程序打包,因为编写的 MapReduce 程序是通过本地的 Eclipse 工具开发,所以需要进入 Eclipse 本地存放项目的目录,如图 4-10 所示进入预处理程序本地项目目录。

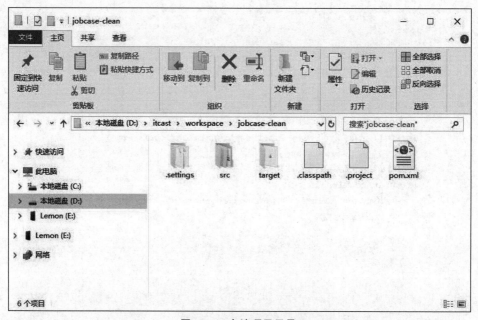

图 4-10 本地项目目录

(2) 按住键盘上的 Shift 键,用鼠标右键单击数据预处理项目所在目录"D:\itcast\workspace\jobcase-clean"的空白处,选择"在此处打开 PowerShell 窗口",如图 4-11 所示。

(3) 在 PowerShell 窗口中输入 mvn package 将数据预处理程序打成 jar 包,如图 4-12 所示。

注意:使用 maven 命令需要在本地安装 Maven 并且设置环境变量,可自行参照"Maven 的安装与配置"相关内容进行操作。

(4) 命令运行完成后在本地项目目录的 target 目录下会生成一个包含项目名称命名的 jar 包"jobcase-clean-0.0.1-SNAPSHOT.jar",如图 4-13 所示。

为了便于后续使用,可自行修改 jar 包名称,这里将 jar 名称修改为 clean.jar。

图 4-11 PowerShell 窗口

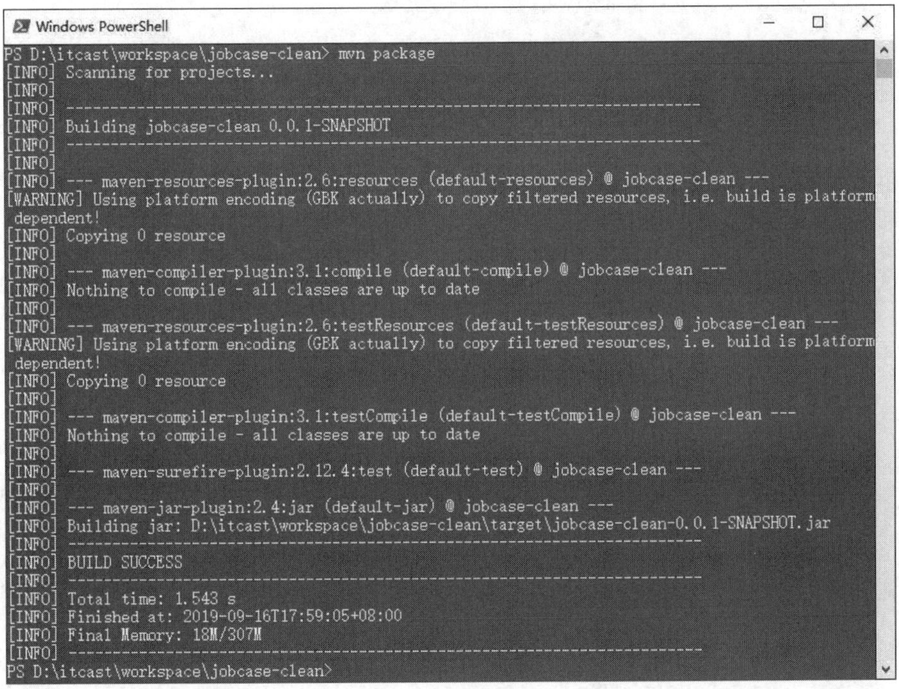

图 4-12 打包过程

3．将 jar 包提交到集群运行

（1）将 clean.jar 上传到 hadoop01 服务器的/export/software 目录下，在 hadoop01 服务器中通过执行指令 cd /export/software 进入到/export/software 目录下，在该目录下执行指令 rz 将 jar 包上传至 export/software 目录，如图 4-14 所示。

（2）在 hadoop01 中运行 hadoop jar 命令执行数据预处理程序的 jar 包，在命令中指定数据输入和结果输出的目录，指令如下。

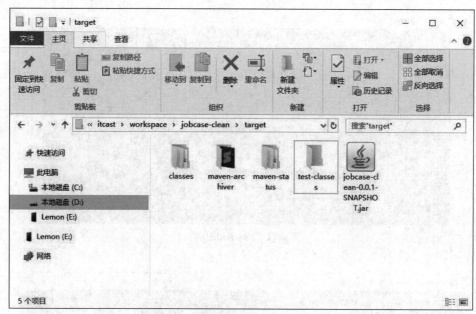

图 4-13 jar 包位置

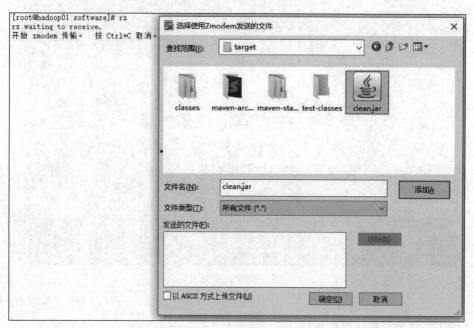

图 4-14 上传 jar 包

```
hadoop jar clean.jar com.position.clean.CleanMain /JobData/20190807/
/JobData/output
```

待程序运行完成后,通过验证程序是否执行成功,运行 hadoop 命令"hadoop dfs -ls /JobData/output/"查看 /JobData/output 目录下是否生成文件,如图 4-15 所示。

图 4-15 验证程序是否执行成功

生成如图 4-15 所示文件证明数据预处理程序运行成功,通过 hadoop 命令"hadoop dfs -cat /JobData/output/part-r-00000"查看最终数据内容,如图 4-16 所示。

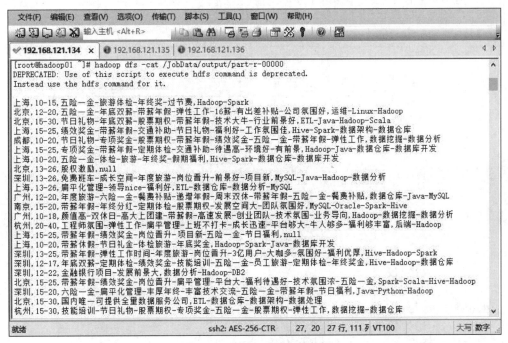

图 4-16 查看 HDFS 上的数据

注意:如果出现中文字符乱码情况,通过设置 SecureCRT 访问窗口的字符编码即可,在会话窗口处右击→会话选项→外观将字符编码设置成 UTF-8,设置完成后再次运行查看 HDFS 上数据的命令即可,如图 4-17 和图 4-18 所示。

至此,通过 MapReduce 的数据预处理程序得到了格式规范的职位数据内容,在后续一章中将利用这些数据进行数据分析工作。

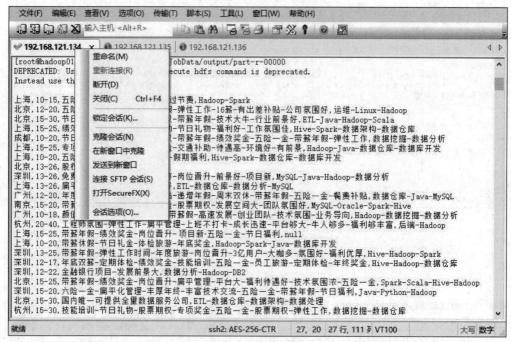

图 4-17 会话选项

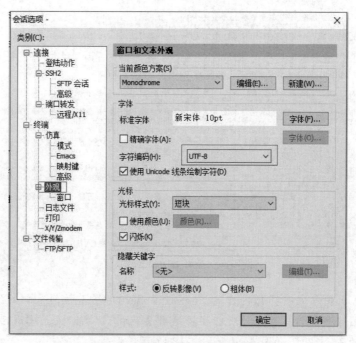

图 4-18 设置会话窗口的字符编码

小结

本章主要讲解数据预处理程序的编写,通过分析预处理数据和设计数据预处理方案实现数据预处理程序。本章的学习内容主要包括实现数据预处理程序的流程和 MapReduce 程序的运行与编写。通过本章的学习,读者可以掌握利用 MapReduce 分布式处理框架进行数据预处理的技巧,熟悉数据预处理的流程。

第 5 章

数 据 分 析

学习目标

- 了解数据分析；
- 了解数据仓库；
- 掌握 Hive 的操作；
- 掌握 HQL 语句的使用。

大数据价值链中最重要的一个环节就是数据分析，其目标是提取数据中隐藏的数据，提供有意义的建议以辅助制定正确的决策。通过数据分析，人们可以从杂乱无章的数据中萃取和提炼有价值的信息，进而找出研究对象的内在规律。本章将介绍如何通过数据分析技术对第 4 章预处理后的数据进行相关分析。

5.1 数据分析概述

数据分析是指用适当的统计分析方法对收集来的大量数据进行分析，从行业角度看，数据分析是基于某种行业目的，有针对性地进行收集、整理、加工和分析数据的过程，通过提取有用信息，从而形成相关结论，这一过程也是质量管理体系的支持过程。数据分析的作用包含推测或解释数据并确定如何使用数据、检查数据是否合法、为决策提供参考建议、诊断或推断错误原因以及预测未来等作用。

数据分析的方法主要分为单纯的数据加工方法、基于数理统计的数据分析、基于数据挖掘的数据分析以及基于大数据的数据分析。其中，单纯的数据加工方法包含描述性统计分析和相关分析；基于数理统计的数据分析包含方差、因子以及回归分析等；基于数据挖掘的数据分析包含聚类、分类和关联规则分析等；基于大数据的数据分析包含使用 Hadoop、Spark 和 Hive 等进行数据分析。本书通过使用基于大数据方法的数据分析技术的 Hive 对某招聘网站的职位数据进行分析。

5.2 Hive 数据仓库

5.2.1 什么是 Hive

Hive 是建立在 Hadoop 分布式文件系统上的数据仓库，它提供了一系列工具，能够对存储在 HDFS 中的数据进行数据提取、转换和加载，这是一种可以存储、查询和分析存储在

Hadoop 中的大规模数据的工具。

Hive 定义了简单的类 SQL 查询语言,称为 HQL,它可以将结构化的数据文件映射为一张数据表,允许熟悉 SQL 的用户查询数据,也允许熟悉 MapReduce 的开发者开发自定义的 mapper 和 reducer 来处理内建的 mapper 和 reducer 无法完成的复杂的分析工作,相对于 Java 代码编写的 MapReduce 来说,Hive 的优势更加明显。

由于 Hive 采用了类 SQL 的查询语言 HQL,因此很容易将 Hive 理解为数据库。其实从结构上来看,Hive 和数据库除了拥有类似的查询语言,再无类似之处。我们以传统数据库 MySQL 和 Hive 的对比为例,通过它们的对比来帮助读者理解 Hive 的特性,具体如表 5-1 所示。

表 5-1 Hive 与传统数据库对比

对 比 项	Hive	MySQL
查询语言	HQL	SQL
数据存储位置	HDFS	块设备、本地文件系统
数据格式	用户定义	系统决定
数据更新	不支持	支持
事务	不支持	支持
执行延迟	高	低
可扩展性	高	低
数据规模	大	小
多表插入	支持	不支持

5.2.2 设计 Hive 数据仓库

在数据仓库设计中,一般会围绕着星状模型和雪花模型来设计数据仓库的模型。在这里,针对招聘网站的职位数据分析项目,我们将 Hive 数据仓库设计为星状模型,星状模型是由一张事实表和多张维度表组成。接下来,通过一张图来讲解设计的星状模型数据仓库,具体如图 5-1 所示。

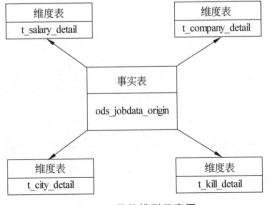

图 5-1 星状模型示意图

在图 5-1 中的,事实表为 ods_jobdata_origin 表(俗称窄表),主要用于存储业务的主体数据;维度表有 t_salary_detail、t_company_detail、t_city_detail 以及 t_kill_detail 表,主要用于存储业务分析结果数据。

下面我们详细讲解数据仓库中事实表和维度表的表结构,具体如下。

1. 事实表 ods_jobdata_origin

事实表 ods_jobdata_origin 主要用于存储 MapReduce 计算框架清洗后的数据,其表结构如表 5-2 所示。

表 5-2 事实表 ods_jobdata_origin 的表结构

字 段	数 据 类 型	描 述
city	String	城市
salary	array<String>	薪资
company	array<String>	福利标签
kill	array<String>	技能标签

从表 5-2 可以看出,上述字段即为 MapReduce 初步预处理后的数据字段。

在表 5-2 中,事实表 ods_jobdata_origin 的表名前缀为 ods(Operational Data Store),指的是操作型数据存储,作用是为使用者提供当前数据的状态,且具有及时性、操作性、集成性的全体数据信息。

2. 维度表 t_salary_detail

维度表 t_salary_detail 主要用于存储薪资分布分析的数据,其表结构如表 5-3 所示。

表 5-3 t_salary_detail 表

字 段	数 据 类 型	描 述
salary	String	薪资分布区间
count	Int	区间内出现薪资的频次

3. 维度表 t_company_detail

维度表 t_company_detail 主要用于存储福利标签分析的数据,其表结构如表 5-4 所示。

表 5-4 t_company_detail 表

字 段	数 据 类 型	描 述
company	String	每个福利标签
count	Int	每个福利标签的频次

4. 维度表 t_city_detail

维度表 t_city_detail 主要用于存储城市分布分析的数据,其表结构如表 5-5 所示。

表 5-5   t_city_detail 表

字　　段	数据类型	描　　述
city	String	城市
count	Int	城市频次

5. 维度表 t_kill_detail

维度表 t_kill_detail 主要用于存储技能标签分析的数据，其表结构如表 5-6 所示。

表 5-6   t_kill_detail 表

字　　段	数据类型	描　　述
kill	String	每个技能标签
count	Int	每个技能标签的频次

5.2.3　实现数据仓库

由于我们使用基于大数据分析方法的 Hive 对招聘网站的职位数据进行分析，因此需要将采集到的职位数据进行预处理后，加载到 Hive 数据仓库中，后续进行相关分析。Hive 数据仓库的部署步骤，具体如下。

1. 创建数据仓库

启动 Hadoop 集群后，在主节点 hadoop01 上启动 Hive 服务端，创建名为"jobdata"的数据仓库，命令如下。

```
hive>create database jobdata;
```

创建成功后通过 use 命令使用 jobdata 数据仓库，按照 5.2.2 节介绍的项目数据仓库模型，创建相应的表结构。

2. 创建事实表

创建存储原始职位数据的事实表 ods_jobdata_origin，命令如下。

```
hive>CREATE TABLE ods_jobdata_origin(
    city string COMMENT '城市',
    salary array<String> COMMENT '薪资',
    company array<String> COMMENT '福利',
    kill array<String> COMMENT '技能')
    COMMENT '原始职位数据表'
    ROW FORMAT DELIMITED
    FIELDS TERMINATED BY ','
    COLLECTION ITEMS TERMINATED BY '-'
    STORED AS TEXTFILE;
```

上述命令中，创建事实表语法的各项参数说明如下。

（1）CREATE TABLE：创建一个指定名字的表。

（2）COMMENT：后面跟的字符串是给表字段或者表内容添加注释说明的，虽然它对于表之间的计算没有影响，但是为了后期的维护，所以实际开发都是必须要加 COMMENT 的。

（3）ROW FORMAT DELIMITED：用来设置创建的表在加载数据的时候支持的列分隔符。不同列之间默认用一个'\001'分隔，集合（例如 array,map）的元素之间默认以'\002'隔开，map 中 key 和 value 默认用'\003'分隔。

（4）FIELDS TERMINATED BY：指定列分隔符，本数据表指定逗号作为列分隔符。

（5）COLLECTION ITEMS TERMINATED BY：指定 array 集合中各元素的分隔符，本数据表以"-"作为分隔符。

（6）STORED AS TEXTFILE：表示文件数据是纯文本。

3. 导入预处理数据到事实表

由于第 4 章数据预处理程序的运行结果将预处理完成的数据存储在 HDFS 上的 /JobData/output/part-r-00000 文件中，因此通过 Hive 的加载命令将 HDFS 上的数据加载到 ODS 层的事实表 ods_jobdata_origin 中，命令如下。

```
hive>LOAD DATA INPATH '/JobData/output/part-r-00000' OVERWRITE INTO TABLE ods_jobdata_origin;
```

通过 select 语句查看表数据内容，验证数据是否导入成功，命令如下。

```
hive>select * from ods_jobdata_origin;
```

如果返回数据信息，则证明数据加载成功，否则需要查看数据文件中分隔符是否与表设置的分隔符匹配、文件目录是否正确等细节问题。执行上述命令后的效果如图 5-2 所示。

从图 5-2 可以看出，执行完查询命令后，返回了数据，则说明数据加载成功。

4. 明细表的创建与加载数据

创建明细表 ods_jobdata_detail，用于存储细化薪资字段的数据，即对薪资列进行分列处理，将薪资拆分形成高薪资、低薪资两列，并新增一列为平均薪资，平均薪资是通过最低薪资和最高薪资相加的平均值得出，命令如下。

```
hive>create table ods_jobdata_detail(
city string comment '城市',
salary array<String>comment '薪资',
company array<String>comment '福利',
kill array<String>comment '技能',
low_salary int comment '低薪资',
high_salary int comment '高薪资',
```

```
avg_salary double comment '平均薪资')
COMMENT '职位数据明细表'
ROW FORMAT DELIMITED
FIELDS TERMINATED BY ','
STORED AS TEXTFILE;
```

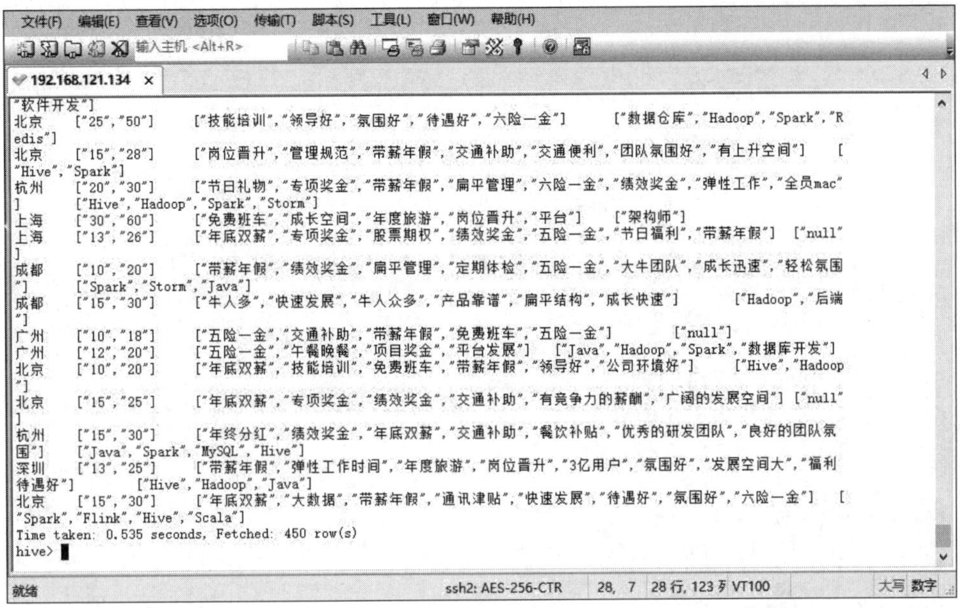

图 5-2　查询表数据

创建完明细表后，就可以向 ods_jobdata_detail 表中加载数据，加载数据的命令如下。

```
hive > insert overwrite table ods_jobdata_detail
select city,salary,company,kill,salary[0],salary[1],
(salary[0]+salary[1])/2 from ods_jobdata_origin;
```

需要注意的是，select 语句中字段的顺序应与明细表创建时的字段顺序一致。

5. 创建中间表

（1）对薪资字段内容进行扁平化处理，将处理结果存储到临时中间表 t_ods_tmp_salary，命令如下。

```
hive > create table t_ods_tmp_salary as select explode(ojo.salary) from ods_jobdata_origin ojo;
```

上述命令使用 explode() 函数将 salary 字段的 array 类型数据进行遍历，提取数组中的每一条数据。

（2）对 t_ods_tmp_salary 表的每一条数据进行泛化处理，将处理结果存储到中间表 t_ods_tmp_salary_dist，命令如下。

```
hive >create table t_ods_tmp_salary_dist as
select case when col>=0 and col<=5 then "0-5"
when col>=6 and col<=10 then "6-10"
when col>=11 and col<=15 then "11-15"
when col>=16 and col<=20 then "16-20"
when col>=21 and col<=25 then "21-25"
when col>=26 and col<=30 then "26-30"
when col>=31 and col<=35 then "31-35"
when col>=36 and col<=40 then "36-40"
when col>=41 and col<=45 then "41-45"
when col>=46 and col<=50 then "46-50"
when col>=51 and col<=55 then "51-55"
when col>=56 and col<=60 then "56-60"
when col>=61 and col<=65 then "61-65"
when col>=66 and col<=70 then "66-70"
when col>=71 and col<=75 then "71-75"
when col>=76 and col<=80 then "76-80"
when col>=81 and col<=85 then "81-85"
when col>=86 and col<=90 then "86-90"
when col>=91 and col<=95 then "91-95"
when col>=96 and col<=100 then "96-100"
when col>=101 then ">101" end from t_ods_tmp_salary;
```

上述命令使用条件判断函数 case，对 t_ods_tmp_salary 表的每一条数据进行泛化处理，指定每一条数据所在区间。

（3）对福利标签字段内容进行扁平化处理，将处理结果存储到临时中间表 t_ods_tmp_company，命令如下。

```
hive >create table t_ods_tmp_company as select explode(ojo.company) from ods_jobdata_origin ojo;
```

上述命令使用 explode() 函数将 company 字段的 array 类型数据进行遍历，提取出数组中的每一条数据。

（4）对技能标签字段内容进行扁平化处理，将处理结果存储到临时中间表 t_ods_tmp_kill，命令如下。

```
hive >create table t_ods_tmp_kill as select explode(ojo.kill) from ods_jobdata_origin ojo;
```

上述命令使用 explode() 函数将 kill 字段的 array 类型数据进行遍历，提取出数组中的每一条数据。

6. 创建维度表

（1）创建维度表 t_ods_kill，用于存储技能标签的统计结果，命令如下。

```
hive >create table t_ods_kill(
every_kill String comment '技能标签',
count int comment '词频')
COMMENT '技能标签词频统计'
ROW FORMAT DELIMITED
fields terminated by ','
STORED AS TEXTFILE;
```

(2) 创建维度表 t_ods_company,用于存储福利标签的统计结果,命令如下。

```
hive >create table t_ods_company(
every_company String comment '福利标签',
count int comment '词频')
COMMENT '福利标签词频统计'
ROW FORMAT DELIMITED
fields terminated by ','
STORED AS TEXTFILE;
```

(3) 创建维度表 t_ods_salary,用于存储薪资分布的统计结果,命令如下。

```
hive >create table t_ods_salary(
every_partition String comment '薪资分布',
count int comment '聚合统计')
COMMENT '薪资分布聚合统计'
ROW FORMAT DELIMITED
fields terminated by ','
STORED AS TEXTFILE;
```

(4) 创建维度表 t_ods_city,用于存储城市的统计结果,命令如下。

```
hive >create table t_ods_city(
every_city String comment '城市',
count int comment '词频')
COMMENT '城市统计'
ROW FORMAT DELIMITED
fields terminated by ','
STORED AS TEXTFILE;
```

5.3 分析数据

在实际开发中,统计指标可能会不断地变化。这里指定的统计指标为招聘网站的职位区域分布、职位薪资统计、公司福利分析以及职位的技能要求统计。本节将通过编写 HQL 语句对职位区域、职位薪资、公司福利以及职位技能要求数据进行分析。

5.3.1 职位区域分析

通过对大数据相关职位区域分布的分析,帮助读者了解该职位在全国各城市的需求状况，通过对事实表 ods_jobdata_origin 提取的城市字段数据进行统计分析，并将分析结果存储在维度表 t_ods_city 中，命令如下。

```
hive >insert overwrite table t_ods_city
select city,count(1) from ods_jobdata_origin group by city;
```

查看维度表 t_ods_city 中的分析结果，使用 sort by 参数对表中的 count 列进行逆序排序，命令如下。

```
hive >select * from t_ods_city sort by count desc;
```

执行上述语句后，效果如图 5-3 所示。

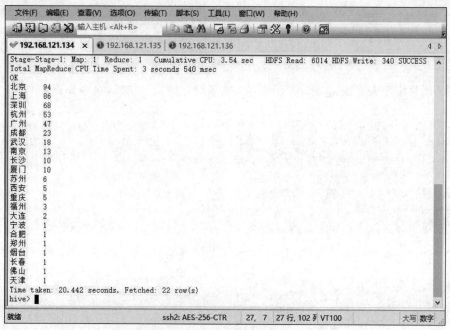

图 5-3　城市分布分析结果

通过观察图 5-3 的分析结果，可以得出如下三条结论。

（1）大数据职位的需求主要集中在大城市，其中最多的是北京，其次分别是上海和深圳。

（2）一线城市（北上广深）占据前几名的位置，然而杭州这座城市对大数据职位的需求也很高，超越广州，次于深圳，阿里巴巴这个互联网巨头应该起到不小的带领作用。

（3）四座一线城市北上广深加上杭州这五座城市的综合占总体需求的 77%（北上广深杭频次总和/所有城市频次总和），甩开其他城市很大一段距离，想参加大数据相关职位的从业者可先从这几个城市考虑，机遇相比会高出很多。

5.3.2　职位薪资分析

通过对职位薪资分析，了解大数据职位在全国以及在全国各城市的薪资情况，本节主要从三个分析点对薪资数据进行分析，具体操作流程如下所示。

1. 全国薪资分布情况

通过中间表 t_ods_tmp_salary_dist 提取薪资分布数据进行统计分析,将分析结果存储在维度表 t_ods_salary 中,命令如下。

```
hive >insert overwrite table t_ods_salary
select `_c0`,count(1) from t_ods_tmp_salary_dist group by `_c0`;
```

因为创建临时表 t_ods_tmp_salary_dist 时使用的是"create table as select"语句,该语句不可以指定列名,所以默认列名为 _c0、_c1,在访问的时候需要加上`符号,需要注意的是这里的符号是`而不是',所以应该这样写:select `_c0` from xxx。

查看维度表 t_ods_salary 中的分析结果,使用 sort by 参数对表中的 count 列进行逆序排序,命令如下。

```
hive >select * from t_ods_salary sort by count desc;
```

执行上述语句后,效果如图 5-4 所示。

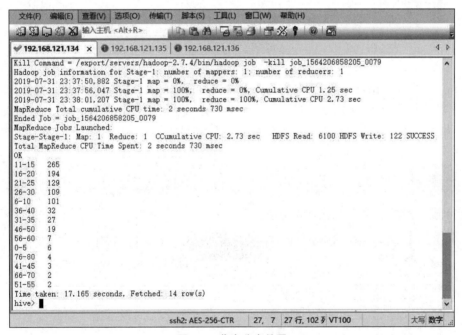

图 5-4　薪资分布结果

通过观察图 5-4 的分析结果,可以了解到全国大数据相关职位的月薪资分布主要集中在 11k~30k,在总体的薪资分布中占比达 77%(11~30 区间频次总和/全部频次总和),其中出现频次最高的月薪资区间在 11k~15k。

2. 薪资的平均值、中位数和众数

通过明细表 ods_jobdata_detail 提取 avg_salary(高薪资+低薪资的平均值)数据进行

统计分析,此部分的分析结果本书不做数据的存储操作,通过查询结果查看分析内容。

(1) 求薪资的平均值,平均值是统计中的一个重要概念。为集中趋势的最常用测度值,目的是确定一组数据的均衡点,命令如下。

```
hive>select avg(avg_salary) from ods_jobdata_detail;
```

执行上述语句后,效果如图 5-5 所示。

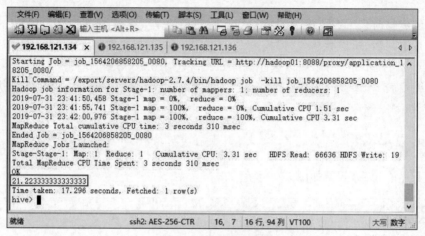

图 5-5　薪资平均值

从图 5-5 可以看出,全国大数据相关职位薪资的平均值为 21.223333333333333。

(2) 求薪资的众数,众数是指在统计分布上具有明显集中趋势点的数值,代表数据的一般水平,也是一组数据中出现次数最多的数值,命令如下。

```
hive>select avg_salary,count(1) as cnt from ods_jobdata_detail group by avg_salary order by cnt desc limit 1;
```

执行上述语句后,效果如图 5-6 所示。

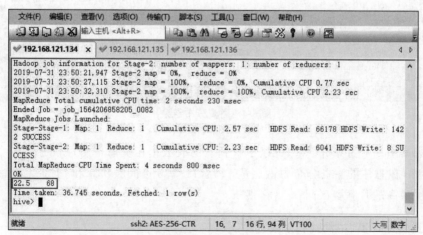

图 5-6　薪资众数

从图 5-6 可以看出，全国大数据相关职位薪资的众数值为 22.5，在整体薪资值中出现了 68 次。

（3）求薪资的中位数，中位数又称中值，是统计学中的专有名词，是按顺序排列的一组数据中居于中间位置的数，代表一个样本、种群或概率分布中的一个数值，命令如下。

```
hive > select percentile(cast(avg_salary as BIGINT), 0.5) from ods_jobdata_detail;
```

执行上述语句后，效果如图 5-7 所示。

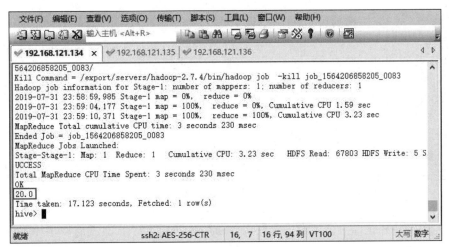

图 5-7 薪资中位数

从图 5-7 可以看出，全国大数据相关职位薪资的中位数值为 20.0。

通过观察薪资平均值、众数和中位数的分析结果，可以得出结论，在全国大部分大数据职位的月薪资在 20k 以上。

根据前两部分对薪资的分析，按照国家统计局公布 2018 年全国城镇非私营单位就业人员年平均工资为 82461 元（月工资为 6872 元左右）来看，显而易见，从事大数据职业对个人经济收益来说还是比较可观的。

3. 各城市平均薪资待遇

通过在查询语句中添加 group by（分组）、avg（平均值）和 order by（排序）等函数对明细表 ods_jobdate_detail 中 avg_salary（高薪资＋底薪资的平均值）和 city（城市）这两个字段数据进行统计分析获取各城市平均薪资待遇，具体查询语句如下。

```
hive > select city,count(city),round(avg(avg_salary),2) as cnt from ods_jobdata_detail group by city order by cnt desc;
```

执行上述语句后，效果如图 5-8 所示。

通过观察图 5-8 各城市平均薪资待遇分析结果，可以看出最终的查询结果包含三部分数据：城市名称、城市职位数和城市平均薪资，从数据来看，长春的大数据职位平均薪资最高，但是该城市只有一个招聘的工作岗位，可以说是一枝独秀，没有什么选择性。相比较，北

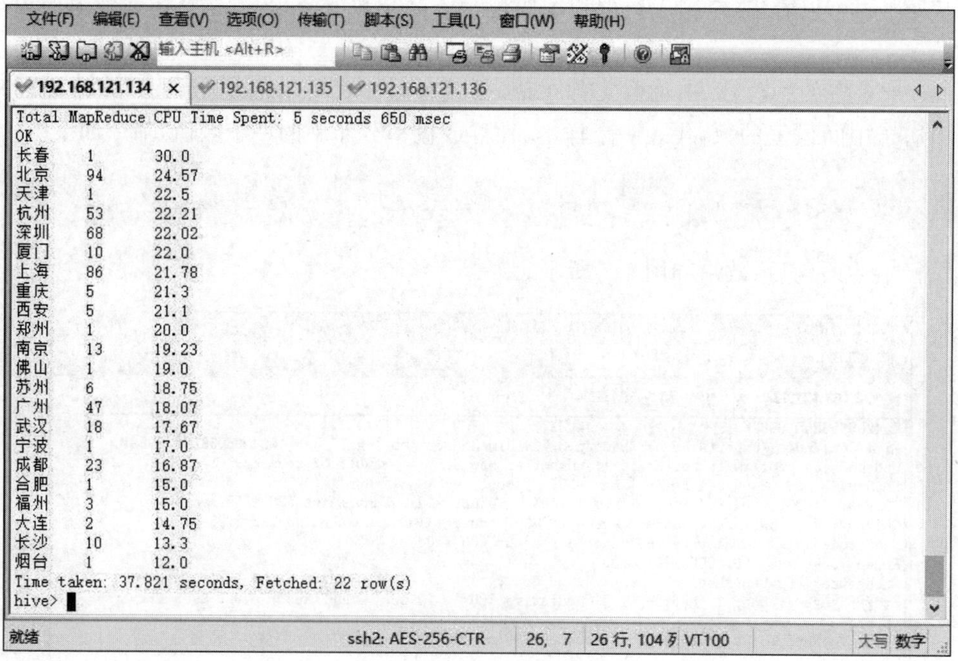
文件(F) 编辑(E) 查看(V) 选项(O) 传输(T) 脚本(S) 工具(L) 窗口(W) 帮助(H)
输入主机 <Alt+R>
192.168.121.134
192.168.121.135
192.168.121.136
Total MapReduce CPU Time Spent: 5 seconds 650 msec
OK
长春 1 30.0
北京 94 24.57
天津 1 22.5
杭州 53 22.21
深圳 68 22.02
厦门 10 22.0
上海 86 21.78
重庆 5 21.3
西安 5 21.1
郑州 1 20.0
南京 13 19.23
佛山 1 19.0
苏州 6 18.75
广州 47 18.07
武汉 18 17.67
宁波 1 17.0
成都 23 16.87
合肥 1 15.0
福州 3 15.0
大连 2 14.75
长沙 10 13.3
烟台 1 12.0
Time taken: 37.821 seconds, Fetched: 22 row(s)
hive>
就绪
ssh2: AES-256-CTR
26, 7
26 行, 104 列
VT100
大写
数字

图 5-8 各城市平均薪资

京、上海、深圳、杭州这四个城市的平均薪资待遇都在 20k 以上，而且招聘职位相比较其他城市较多，机遇更多一些，作为想要参加大数据相关职位的工作人员可以以这四个城市作为首要选择。

5.3.3 公司福利分析

通过对公司福利字段进行分析，了解大数据职位相关公司对员工福利常用的标签都有哪些，通过中间表 t_ods_tmp_company 提取福利标签数据进行统计分析，将分析结果存储在维度表 t_ods_company 中，命令如下。

```
hive >insert overwrite table t_ods_company select col,count(1) from t_ods_tmp_company group
by col;
```

查看维度表 t_ods_company 中的分析结果，使用 sort by 参数对表中的 count 列进行逆序排序，因为标签内容数据较多，所以加上 limit 10 参数查看出现频次最多的前 10 个福利标签，命令如下。

```
hive >select every_company,count from t_ods_company sort by count desc limit 10;
```

执行上述语句后，效果如图 5-9 所示。

通过观察图 5-9 福利标签的分析数据，可以看到公司对员工的福利政策都有哪些，出现频次较多的福利标签可以视为大多数公司对员工的标准待遇，在选择入职公司时可作为一个参考。在第 6 章中将对这些福利标签数据进行词云展示，以更加直观的方式观察所有福利标签内容。

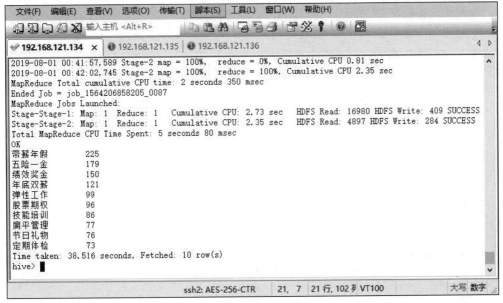

图 5-9　福利标签分析

5.3.4　职位技能要求分析

通过对技能标签分析，了解要从事大数据相关工作需要掌握哪些技能，招聘公司比较重视哪些技能，通过中间表 t_ods_tmp_kill 提取技能标签数据进行统计分析，将分析结果存储在维度表 t_ods_kill 中，命令如下。

```
hive > insert overwrite table t_ods_kill select col,count(1) from t_ods_tmp_kill group by col;
```

查看维度表 t_ods_kill 中的分析结果，使用 sort by 参数对表中的 count 列进行逆序排序，因为标签内容数据较多，所以加上 limit 3 参数查看出现频次最多的前 3 个技能标签，命令如下。

```
hive > select every_kill,count from t_ods_kill sort by count desc limit 3;
```

执行上述语句后，效果如图 5-10 所示。

通过观察图 5-10 技能标签的分析数据，看到要从事大数据相关工作需要掌握哪些技能，这些需要掌握的技能前三名的占比达 38%（前三名技能出现频次的总和/所有技能出现频次的总和），也就是说，超过 1/3 的公司会要求大数据工作者需要掌握 Hadoop、Spark 和 Java 这三项技能，对于想要从事这方面工作的读者，可以作为学习的参考与准备。在第 6 章中将对这些技能标签数据进行词云展示，以更加直观的方式观察所有技能标签内容。

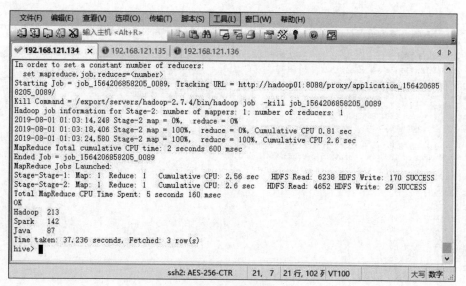

图 5-10 技能标签分析

小结

本章主要讲解通过 Hive 做数据分析的相关知识,首先介绍了数据分析和 Hive 作为数据仓库的特点;然后介绍了数据仓库的实现流程,从数据仓库的设计到使用 HQL 实现数据仓库;最后通过 HQL 对数据进行分析。通过本章学习,读者将掌握 HQL 创建数据仓库和数据分析的相关操作。

第 6 章 数据可视化

学习目标

- 掌握 Sqoop 数据迁移工具的使用；
- 熟悉关系型数据库 MySQL；
- 掌握 SSM JavaEE 开发框架的整合及应用；
- 掌握 ECharts 前端框架的使用。

通过第 5 章使用 Hive 完成数据分析过程，此时数据还存于 hdfs 上。本章将应用 Sqoop 将 Hive 中的表数据导出到关系型数据库 MySQL 中，方便后续进行数据可视化处理，使抽象的数据转化为图形化表示，便于非技术人员的决策与分析。

6.1 平台概述

6.1.1 系统介绍

招聘网站职位分析数据可视化系统主要通过 Web 平台对分析结果进行图像化展示，旨在借助于图形化手段，清晰有效地传达信息，能够真实反映现阶段有关大数据职位的内容。本系统采用 ECharts 来辅助实现，下面对数据可视化和 ECharts 的内容做详细介绍。

数据可视化是利用计算机图形学和图像处理技术，将数据转换成图形或图像在屏幕上显示出来，从而进行交互处理的理论、方法和技术。数据可视化涉及计算机图形学、图像处理、计算机视觉、计算机辅助设计等多个领域，成为研究数据表示、数据处理、决策分析等一系列问题的综合技术。有效的可视化可以帮助用户分析、推理数据。数据可视化使复杂的数据更容易理解和使用。

ECharts 是一款数据图表，基于 JavaScript 的数据可视化图表库，且兼容大部分浏览器，底层是基于 Zrender(轻量级 Canvas 类库)，它包含许多组件，例如坐标系、图例、工具箱等，并在此基础上构建出折线图、柱状图、散点图、饼图和地图等，同时支持任意维度的堆积和多图表混合展现，展示效果功能强大，想要充分学习 ECharts 的读者可以浏览官方网站 http://echarts.apache.org/，ECharts 的运用较为简单，只需在官网下载相应版本的 JavaScript 源代码，并通过所选实例的教程编写接口参数即可。

6.1.2 系统架构

招聘网站职位分析可视化系统以 Java Web 为基础搭建，通过 SSM(Spring、

SpringMVC、MyBatis)框架实现后端功能,前端在 JSP 中使用 ECharts 实现可视化展示,前后端的数据交互是通过 SpringMVC 与 Ajax 交互实现。为了让读者更清晰地了解本章系统架构,下面通过一张图来描述本系统的架构图,如图 6-1 所示。

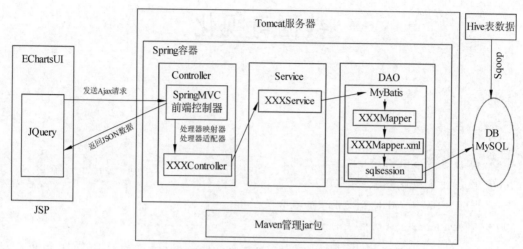

图 6-1 招聘网站职位分析可视化系统架构图

从图 6-1 可以看出,招聘网站职位分析可视化系统的整体技术流程如下。

(1) 通过 Sqoop 将 Hive 表中存储的分析结果导出到关系型数据库 MySQL 中。

(2) SpringMVC 的 Controller 接收前台 JQuery Ajax 的 GET 请求,开启与后台的交互功能。

(3) Controller 层调用 Service 层接口实现业务模块的逻辑应用设计,对数据库获取的原始数据进行业务处理。

(4) Service 层调用 DAO 层接口实现与数据库交互,通过在 XXXMapper.xml 中定义的 SQL 语句获取响应数据。

(5) Controller 层通过 Ajax 将处理后的数据以 JSON 数据形式响应给前端。

(6) 在 JSP 中通过 ECharts 将返回的 JSON 数据进行可视化展示。

6.2 数据迁移

6.2.1 创建关系型数据库

在第 5 章中,使用 Hive 完成数据分析过程后,分析结果数据存储在 HDFS 上(Hive 中数据用 HDFS 进行存储),为了方便后续进行数据可视化处理,需要将 HDFS 上的数据导出到关系型数据库 MySQL 中,本节将详细讲解在 MySQL 数据库中创建用于存储分析结果数据的数据表,具体步骤如下。

(1) 通过 SQLyog 工具(图形化管理 MySQL 数据库的工具)远程连接 hadoop01 服务器下的 MySQL 服务,读者可自行下载并安装使用该工具。SQLyog 远程连接 MySQL 服务的相关参数配置,如图 6-2 所示。

(2) 连接成功后,效果如图 6-3 所示。

第 6 章 数据可视化

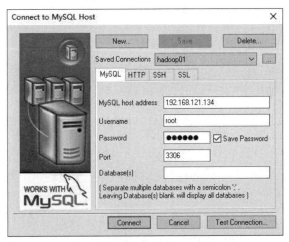

图 6-2　远程连接 MySQL 服务

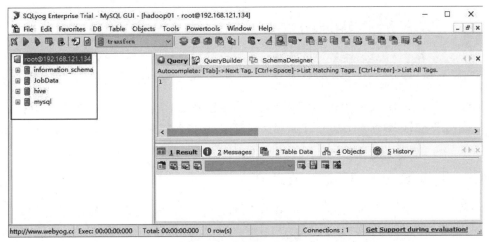

图 6-3　连接成功的效果图

从图 6-3 可以看出，通过 SQLyog 工具成功连接到 MySQL 数据库。

（3）通过 SQLyog 工具在 MySQL 中创建 JobData 数据库，并指定数据库编码为 utf8，命令如下。

```
mysql >CREATE DATABASE JobData CHARACTER SET utf8 COLLATE utf8_general_ci;
```

（4）在 JobData 数据库下创建需要图形化展示的职位所在城市的分布表 t_city_count，命令如下。

```
mysql >CREATE TABLE t_city_count(
  city varchar(30) DEFAULT NULL,
  count int(5) DEFAULT NULL
) ENGINE=InnoDB DEFAULT CHARSET=utf8;
```

(5) 在 JobData 数据库下创建需要图形化展示的薪资分布表 t_salary_dist,命令如下。

```
mysql >CREATE TABLE t_salary_dist (
  salary varchar(30) DEFAULT NULL,
  count int(5) DEFAULT NULL
) ENGINE=InnoDB DEFAULT CHARSET=utf8;
```

(6) 在 JobData 数据库下创建需要图形化展示的福利标签统计表 t_company_count,命令如下。

```
mysql >CREATE TABLE t_company_count (
  company varchar(30) DEFAULT NULL,
  count int(5) DEFAULT NULL
) ENGINE=InnoDB DEFAULT CHARSET=utf8;
```

(7) 在 JobData 数据库下创建需要图形化展示的技能标签统计表 t_kill_count,命令如下。

```
mysql >CREATE TABLE t_kill_count (
  kills varchar(30) DEFAULT NULL,
  count int(5) DEFAULT NULL
) ENGINE=InnoDB DEFAULT CHARSET=utf8;
```

至此,在 MySQL 关系型数据库中创建了用于存储 4 个不同分析结果数据的数据表,在 6.2.2 节中将详细讲解通过 Sqoop 工具将 HDFS 上的数据加载到 MySQL 关系型数据库中的操作。

6.2.2 通过 Sqoop 实现数据迁移

Sqoop 是一款开源的工具,主要用于在 Hadoop(Hive)与传统的数据库(MySQL、PostgreSQL 等)间进行数据的传递,可以将一个关系型数据库(例如 MySQL、Oracle、Postgres 等)中的数据导入到 Hadoop 的 HDFS 中,也可以将 HDFS 的数据导入到关系型数据库中。

接下来将详细介绍通过 Sqoop 工具,将 HDFS 分析结果数据迁移到 6.2.1 节中在关系型数据库中创建的对应数据表中,具体操作步骤如下。

(1) 在安装 Sqoop 工具的节点(这里操作 hadoop01 节点)上执行 Sqoop 导出数据命令,将大数据相关职位所在城市的分布统计结果数据迁移到 MySQL 的 t_city_count 表中,命令如下。

```
$ bin/sqoop export \
--connect jdbc:mysql://hadoop01:3306/JobData?characterEncoding=UTF-8 \
--username root \
--password 123456 \
--table t_city_count \
--columns "city,count" \
--fields-terminated-by ',' \
--export-dir /user/hive/warehouse/jobdata.db/t_ods_city
```

(2) 在安装 Sqoop 工具的节点(这里操作 hadoop01 节点)上执行 Sqoop 导出数据命令，将大数据相关职位的薪资分布结果数据迁移到 MySQL 的 t_salary_dist 表中，命令如下。

```
$ bin/sqoop export \
--connect jdbc:mysql://hadoop01:3306/JobData?characterEncoding=UTF-8 \
--username root \
--password 123456 \
--table t_salary_dist \
--columns "salary,count" \
--fields-terminated-by ',' \
--export-dir /user/hive/warehouse/jobdata.db/t_ods_salary
```

(3) 在安装 Sqoop 工具的节点(这里操作 hadoop01 节点)上执行 Sqoop 导出数据命令，将大数据相关职位的福利标签统计结果数据迁移到 MySQL 的 t_company_count 表中，命令如下。

```
$ bin/sqoop export \
--connect jdbc:mysql://hadoop01:3306/JobData?characterEncoding=UTF-8 \
--username root \
--password 123456 \
--table t_company_count \
--columns "company,count" \
--fields-terminated-by ',' \
--export-dir /user/hive/warehouse/jobdata.db/t_ods_company
```

(4) 在安装 Sqoop 工具的节点(这里操作 hadoop01 节点)上执行 Sqoop 导出数据命令，将大数据相关职位的技能标签统计结果数据迁移到 MySQL 的 t_kill_count 表中，命令如下。

```
$ bin/sqoop export \
--connect jdbc:mysql://hadoop01:3306/JobData?characterEncoding=UTF-8 \
--username root \
--password 123456 \
--table t_kill_count \
--columns "kills,count" \
--fields-terminated-by ',' \
--export-dir /user/hive/warehouse/jobdata.db/t_ods_kill
```

上述 4 个命令中指定了 MySQL 连接、MySQL 的用户名和密码、表名、表的字段、分隔符方式以及 Hive 数据在 HDFS 上的位置，执行完成后，可以通过 SQLyog 工具查看对应 MySQL 数据库表的内容，以表 t_city_count 为例，如图 6-4 所示。

从图 6-4 可以看出，表 t_city_count 中有城市统计数据，说明实现了导入 Sqoop 数据的功能。

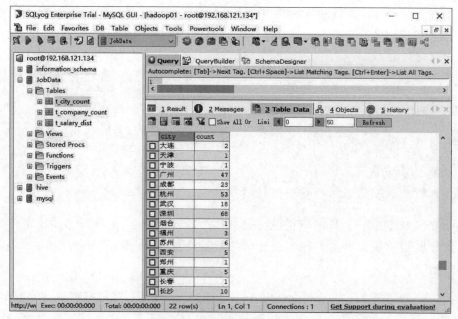

图 6-4 t_city_count 表数据

6.3 平台环境搭建

招聘网站职位分析可视化系统是一个 Java Web 项目,本节将通过 Eclipse 开发工具详细讲解系统框架的搭建过程。

6.3.1 新建 Maven 项目

(1)在 Eclipse 中创建一个 Maven 项目,打开 Eclipse 开发工具,在 Eclipse 主界面依次单击 File→New→Other,在弹出的窗口选择 Maven Project,单击 Next 按钮,如图 6-5 所示。

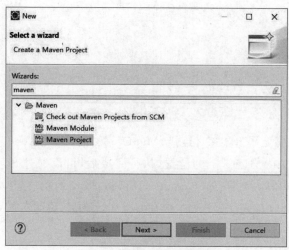

图 6-5 新建 Maven 项目

（2）在上一步中单击完 Next 按钮后，通过勾选 Create a simple project 创建一个简单的 Maven 项目，在创建 Maven 项目的最终页面输入 Group Id 和 Artifact Id，并在 Packaging 中选择 war 打包方式，设置完成后单击 Finish 按钮，如图 6-6 所示。

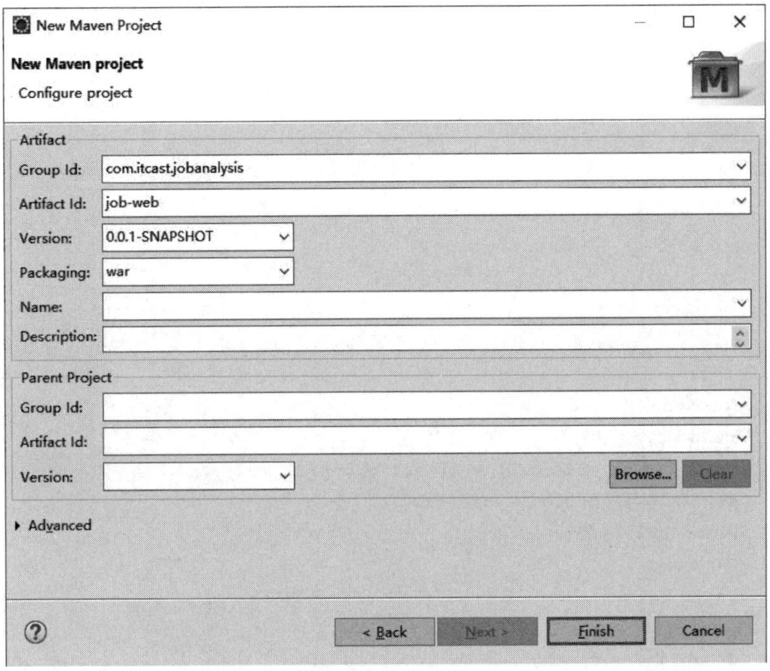

图 6-6　Maven 项目

（3）创建成功后，会提示"web.xml is missing and ＜failOnMissingWebXml＞ is set to true"的错误，这是由于缺少 Web 工程的 web.xml 文件所导致，只需要在工程的 src/main/webapp/WEB-INF 文件夹下创建 web.xml 文件即可，读者也可以通过右击项目，选择 Java EE Tools 选项，单击 Generate Deployment Descriptor Stub 选项便可以快速创建 web.xml 文件，如图 6-7 所示。

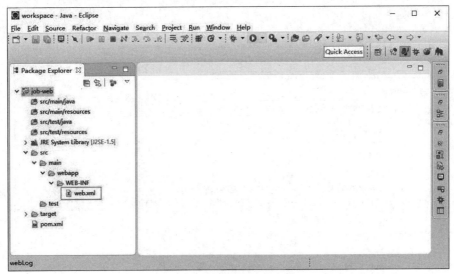

图 6-7　创建 web.xml 文件

6.3.2 配置 pom.xml 文件

本节将配置平台所需的 jar 包以及相关插件,打开 pom.xml 文件添加平台所需依赖和插件,添加的内容如文件 6-1 所示。

文件 6-1 pom.xml

```
1  <project xmlns="http://maven.apache.org/POM/4.0.0"
2   xmlns:xsi="http://www.w3.org/2001/XMLSchema-instance"
3   xsi:schemaLocation="http://maven.apache.org/POM/4.0.0
4   http://maven.apache.org/xsd/maven-4.0.0.xsd">
5    <modelVersion>4.0.0</modelVersion>
6    <groupId>com.itcast.jobanalysis</groupId>
7    <artifactId>job-web</artifactId>
8    <version>0.0.1-SNAPSHOT</version>
9    <packaging>war</packaging>
10   <dependencies>
11     <dependency>
12       <groupId>org.codehaus.jettison</groupId>
13       <artifactId>jettison</artifactId>
14       <version>1.1</version>
15     </dependency>
16     <!--Spring 相关依赖 -->
17     <dependency>
18       <groupId>org.springframework</groupId>
19       <artifactId>spring-context</artifactId>
20       <version>4.2.4.RELEASE</version>
21     </dependency>
22     <dependency>
23       <groupId>org.springframework</groupId>
24       <artifactId>spring-beans</artifactId>
25       <version>4.2.4.RELEASE</version>
26     </dependency>
27     <dependency>
28       <groupId>org.springframework</groupId>
29       <artifactId>spring-webmvc</artifactId>
30       <version>4.2.4.RELEASE</version>
31     </dependency>
32     <dependency>
33       <groupId>org.springframework</groupId>
34       <artifactId>spring-jdbc</artifactId>
35       <version>4.2.4.RELEASE</version>
36     </dependency>
37     <dependency>
38       <groupId>org.springframework</groupId>
39       <artifactId>spring-aspects</artifactId>
40       <version>4.2.4.RELEASE</version>
41     </dependency>
42     <dependency>
43       <groupId>org.springframework</groupId>
```

```xml
44          <artifactId>spring-jms</artifactId>
45          <version>4.2.4.RELEASE</version>
46      </dependency>
47      <dependency>
48          <groupId>org.springframework</groupId>
49          <artifactId>spring-context-support</artifactId>
50          <version>4.2.4.RELEASE</version>
51      </dependency>
52      <!--MyBatis 相关依赖-->
53      <dependency>
54          <groupId>org.mybatis</groupId>
55          <artifactId>mybatis</artifactId>
56          <version>3.2.8</version>
57      </dependency>
58      <dependency>
59          <groupId>org.mybatis</groupId>
60          <artifactId>mybatis-spring</artifactId>
61          <version>1.2.2</version>
62      </dependency>
63      <dependency>
64          <groupId>com.github.miemiedev</groupId>
65          <artifactId>mybatis-paginator</artifactId>
66          <version>1.2.15</version>
67      </dependency>
68      <!--MySQL 依赖 -->
69      <dependency>
70          <groupId>mysql</groupId>
71          <artifactId>mysql-connector-java</artifactId>
72          <version>5.1.32</version>
73      </dependency>
74      <!--连接池 -->
75      <dependency>
76          <groupId>com.alibaba</groupId>
77          <artifactId>druid</artifactId>
78          <version>1.0.9</version>
79          <exclusions>
80              <exclusion>
81                  <groupId>com.alibaba</groupId>
82                  <artifactId>jconsole</artifactId>
83              </exclusion>
84              <exclusion>
85                  <groupId>com.alibaba</groupId>
86                  <artifactId>tools</artifactId>
87              </exclusion>
88          </exclusions>
89      </dependency>
90      <!--JSP 相关依赖 -->
91      <dependency>
92          <groupId>jstl</groupId>
93          <artifactId>jstl</artifactId>
```

```xml
94          <version>1.2</version>
95      </dependency>
96      <dependency>
97          <groupId>javax.servlet</groupId>
98          <artifactId>servlet-api</artifactId>
99          <version>2.5</version>
100         <scope>provided</scope>
101     </dependency>
102     <dependency>
103         <groupId>javax.servlet</groupId>
104         <artifactId>jsp-api</artifactId>
105         <version>2.0</version>
106         <scope>provided</scope>
107     </dependency>
108     <dependency>
109         <groupId>junit</groupId>
110         <artifactId>junit</artifactId>
111         <version>4.12</version>
112     </dependency>
113     <dependency>
114         <groupId>com.fasterxml.jackson.core</groupId>
115         <artifactId>jackson-databind</artifactId>
116         <version>2.4.2</version>
117     </dependency>
118     <dependency>
119       <groupId>org.aspectj</groupId>
120       <artifactId>aspectjweaver</artifactId>
121       <version>1.8.4</version>
122     </dependency>
123 </dependencies>
124 <build>
125     <finalName>${project.artifactId}</finalName>
126     <resources>
127         <resource>
128             <directory>src/main/java</directory>
129             <includes>
130                 <include>**/*.properties</include>
131                 <include>**/*.xml</include>
132             </includes>
133             <filtering>false</filtering>
134         </resource>
135         <resource>
136             <directory>src/main/resources</directory>
137             <includes>
138                 <include>**/*.properties</include>
139                 <include>**/*.xml</include>
140             </includes>
141             <filtering>false</filtering>
```

```xml
142         </resource>
143     </resources>
144     <plugins>
145 <!--指定Maven编译的JDK版本,如果不指定,Maven3默认用JDK 1.5-->
146         <plugin>
147             <groupId>org.apache.maven.plugins</groupId>
148             <artifactId>maven-compiler-plugin</artifactId>
149             <version>3.2</version>
150             <configuration>
151                 <!--源代码使用的JDK版本 -->
152                 <source>1.8</source>
153                 <!--需要生成的目标class文件的编译版本 -->
154                 <target>1.8</target>
155                 <!--字符集编码 -->
156                 <encoding>UTF-8</encoding>
157             </configuration>
158         </plugin>
159 <!--配置Tomcat插件 -->
160         <plugin>
161             <groupId>org.apache.tomcat.maven</groupId>
162             <artifactId>tomcat7-maven-plugin</artifactId>
163             <version>2.2</version>
164             <configuration>
165                 <path>/</path>
166                 <port>8080</port>
167             </configuration>
168         </plugin>
169     </plugins>
170 </build>
171 </project>
```

上述依赖的作用主要是构建以 SSM 框架为基础的 Java Web 工程所需的相关 jar 包，这些 jar 包在上述文件中已有介绍，这里就不再描述。

6.3.3 项目组织结构

在正式讲解项目的编写之前，先来了解一下项目中所涉及的包文件、配置文件以及页面文件等在项目中的组织结构，读者需根据项目组织架构对包含的内容进行创建，如图 6-8 所示。

在后面的内容中，会针对实现数据可视化的关键性代码进行详细讲解，部分文件内容将不做陈述，读者可通过提供的项目源代码自行查看。

6.3.4 编辑配置文件

（1）在项目 src/main/resources→spring 文件夹下的 applicationContext.xml 文件中，编写 Spring 的配置内容，如文件 6-2 所示。

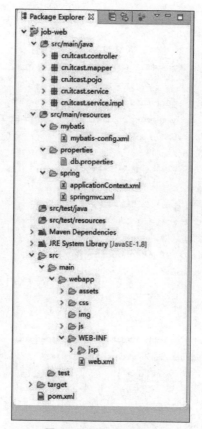

图 6-8　项目组织结构

文件 6-2　applicationContext.xml

```
 1 <?xml version="1.0" encoding="UTF-8"?>
 2 <beans xmlns="http://www.springframework.org/schema/beans"
 3 xmlns:context="http://www.springframework.org/schema/context"
 4 xmlns:p="http://www.springframework.org/schema/p"
 5 xmlns:aop="http://www.springframework.org/schema/aop"
 6 xmlns:tx="http://www.springframework.org/schema/tx"
 7 xmlns:xsi="http://www.w3.org/2001/XMLSchema-instance"
 8 xsi:schemaLocation="http://www.springframework.org/schema/beans
 9 http://www.springframework.org/schema/beans/spring-beans-4.2.xsd
10 http://www.springframework.org/schema/context
11 http://www.springframework.org/schema/context/spring-context-4.2.xsd
12 http://www.springframework.org/schema/aop
13 http://www.springframework.org/schema/aop/spring-aop-4.2.xsd
14 http://www.springframework.org/schema/tx
15 http://www.springframework.org/schema/tx/spring-tx-4.2.xsd
16 http://www.springframework.org/schema/util
17 http://www.springframework.org/schema/util/spring-util-4.2.xsd">
18     <!--数据库连接池-->
19     <!--加载配置文件-->
```

```xml
20    <context:property-placeholder
21 location="classpath:properties/db.properties" />
22    <!--数据库连接池 -->
23    <bean id="dataSource"
24 class="com.alibaba.druid.pool.DruidDataSource"
25 destroy-method="close">
26        <property name="url" value="${jdbc.url}" />
27        <property name="username" value="${jdbc.username}" />
28        <property name="password" value="${jdbc.password}" />
29        <property name="driverClassName" value="${jdbc.driver}" />
30        <property name="maxActive" value="10" />
31        <property name="minIdle" value="5" />
32    </bean>
33 <!--MyBatis 和 Spring 整合-->
34    <bean id="sqlSessionFactory"
35 class="org.mybatis.spring.SqlSessionFactoryBean">
36        <!--指定数据源 -->
37        <property name="dataSource" ref="dataSource" />
38        <!--加载 MyBatis 的全局配置文件 -->
39        <property name="configLocation"
40 value="classpath:mybatis/Mybatis-Config.xml" />
41    </bean>
42    <!--使用扫描包的形式来创建 mapper 代理对象 -->
43    <bean class="org.mybatis.spring.mapper.MapperScannerConfigurer">
44        <property name="basePackage" value="cn.itcast.mapper" />
45    </bean>
46    <!--配置事务管理组件 -->
47    <bean id="transactionManager"
48 class="org.springframework.jdbc.datasource.DataSourceTransactionManager">
49        <!--数据源 -->
50        <property name="dataSource" ref="dataSource" />
51    </bean>
52    <!--配置事务传播特性 -->
53    <tx:advice id="txAdvice" transaction-manager="transactionManager">
54        <tx:attributes>
55            <!--传播行为 -->
56            <tx:method name="save*" propagation="REQUIRED" />
57            <tx:method name="insert*" propagation="REQUIRED" />
58            <tx:method name="add*" propagation="REQUIRED" />
59            <tx:method name="create*" propagation="REQUIRED" />
60            <tx:method name="delete*" propagation="REQUIRED" />
61            <tx:method name="update*" propagation="REQUIRED" />
62            <tx:method name="find*"
63                propagation="SUPPORTS"
64                read-only="true" />
65            <tx:method name="select*"
66                propagation="SUPPORTS"
67                read-only="true" />
68            <tx:method name="get*"
69 propagation="SUPPORTS"
```

```
70 read-only="true" />
71          </tx:attributes>
72       </tx:advice>
73       <!--配置参与事务的类 -->
74       <aop:config>
75          <aop:advisor advice-ref="txAdvice"
76             pointcut="execution(* cn.itcast.service..*.*(..))" />
77       </aop:config>
78       <!--配置包扫描器,扫描所有带@Service注解的类 -->
79       <context:component-scan base-package="cn.itcast.service" />
80 </beans>
```

上述代码中,第20～21行代码用于加载数据库配置文件;第23～32行用于配置数据库连接池信息;第34～41行代码用于整合Spring和MyBatis,创建SqlSessionFactory并指定数据源和MyBatis配置文件;第43～45行代码用于将指定包路径下的映射器自动创建成MapperFactoryBean;第47～51行代码用于配置事务管理组件;第53～72行代码用于配置事务传播特性;第74～77行代码用于配置参与事务的类;第79行代码用于配置Service层的包扫描器。

(2) 在项目 src/main/resources→spring 文件夹下的 springmvc.xml 文件中,编写 SpringMVC 的配置内容,如文件6-3所示。

文件6-3　springmvc.xml

```
1  <?xml version="1.0" encoding="UTF-8"?>
2  <beans xmlns="http://www.springframework.org/schema/beans"
3     xmlns:xsi="http://www.w3.org/2001/XMLSchema-instance"
4     xmlns:p="http://www.springframework.org/schema/p"
5     xmlns:context="http://www.springframework.org/schema/context"
6     xmlns:mvc="http://www.springframework.org/schema/mvc"
7     xsi:schemaLocation="http://www.springframework.org/schema/beans
8     http://www.springframework.org/schema/beans/spring-beans-4.2.xsd
9     http://www.springframework.org/schema/mvc
10    http://www.springframework.org/schema/mvc/spring-mvc-4.2.xsd
11    http://www.springframework.org/schema/context
12       http://www.springframework.org/schema/context/spring-context-4.2.xsd">
13    <!--扫描指定包路径 使路径当中的@controller注解生效 -->
14    <context:component-scan base-package="cn.itcast.controller" />
15    <!--mvc的注解驱动 -->
16    <mvc:annotation-driven />
17    <!--视图解析器 -->
18    <bean
19    class=
20    "org.springframework.web.servlet.view.InternalResourceViewResolver">
21       <property name="prefix" value="/WEB-INF/jsp/" />
22       <property name="suffix" value=".jsp" />
23    </bean>
24    <!--配置资源映射 -->
25       <mvc:resources location="/css/" mapping="/css/**"/>
```

```xml
26        <mvc:resources location="/js/" mapping="/js/**"/>
27        <mvc:resources location="/echarts/" mapping="/echarts/**"/>
28        <mvc:resources location="/assets/" mapping="/assets/**"/>
29        <mvc:resources location="/img/" mapping="/img/**"/>
30   </beans>
```

上述代码中,第 14 行用于 Spring 自动扫描 base-package 对应的路径或者该路径的子包下面的 java 文件,将@Controller 注解的类注册为 Bean;第 16 行用于启用注解驱动,Spring 会自动将 Bean 注册到工厂中;第 18~23 行用于解析 JSP 页面资源;第 25~29 行用于访问静态资源文件。

(3) 编写 web.xml 文件,配置 Spring 监听器、编码过滤器和 SpringMVC 的前端控制器等信息,如文件 6-4 所示。

文件 6-4　web.xml

```xml
1  <?xml version="1.0" encoding="UTF-8"?>
2  <web-app xmlns:xsi="http://www.w3.org/2001/XMLSchema-instance"
3    xmlns="http://java.sun.com/xml/ns/javaee"
4    xsi:schemaLocation="http://java.sun.com/xml/ns/javaee
5    http://java.sun.com/xml/ns/javaee/web-app_2_5.xsd" version="2.5">
6    <display-name>job-web</display-name>
7    <welcome-file-list>
8        <welcome-file>index.html</welcome-file>
9    </welcome-file-list>
10   <!--加载 Spring 容器 -->
11   <context-param>
12       <param-name>contextConfigLocation</param-name>
13       <param-value>classpath:spring/applicationContext.xml</param-value>
14   </context-param>
15   <listener>
16       <listener-class>
17           org.springframework.web.context.ContextLoaderListener
18       </listener-class>
19   </listener>
20   <!--配置过滤器-->
21   <filter>
22       <filter-name>CharacterEncodingFilter</filter-name>
23       <filter-class>
24           org.springframework.web.filter.CharacterEncodingFilter
25       </filter-class>
26       <init-param>
27           <param-name>encoding</param-name>
28           <param-value>utf-8</param-value>
29       </init-param>
30   </filter>
31   <!--映射过滤器-->
32   <filter-mapping>
33       <filter-name>CharacterEncodingFilter</filter-name>
34       <!--"/*"表示拦截所有的请求 -->
```

```
35         <url-pattern>/*</url-pattern>
36     </filter-mapping>
37     <!--配置 Servlet -->
38     <servlet>
39         <servlet-name>data-report</servlet-name>
40         <servlet-class>
41             org.springframework.web.servlet.DispatcherServlet
42         </servlet-class>
43         <init-param>
44             <param-name>contextConfigLocation</param-name>
45             <param-value>classpath:spring/springmvc.xml</param-value>
46         </init-param>
47         <load-on-startup>1</load-on-startup>
48     </servlet>
49     <!--配置 Servlet 映射-->
50     <servlet-mapping>
51         <servlet-name>data-report</servlet-name>
52         <url-pattern>/</url-pattern>
53     </servlet-mapping>
54     <!--全局错误页面 -->
55     <error-page>
56         <error-code>404</error-code>
57         <location>/WEB-INF/jsp/404.jsp</location>
58     </error-page>
59 </web-app>
```

上述代码中,第 7~9 行代码用于配置系统的欢迎页(首页);第 11~19 行代码用于配置监听加载 Spring 容器;第 21~30 行代码用于配置全局控制字符编码;第 32~36 行代码用于配置拦截的资源;第 38~53 行代码用于配置 Servlet 及 Servlet 映射;第 55~58 行代码用于配置全局错误页面。

(4) 编写数据库配置参数文件 db.properties,用于项目的解耦,代码如下。

```
1  jdbc.driver=com.mysql.jdbc.Driver
2  jdbc.url=jdbc:mysql://hadoop01:3306/JobData?characterEncoding=utf-8
3  jdbc.username=root
4  jdbc.password=123456
```

上述代码是配置了数据库连接参数,需要注意的是 jdbc.url 参数中 MySQL 连接地址,需要根据读者具体情况填写。

(5) 编写 Mybatis-Config.xml 文件,用于配置 MyBatis 相关配置,由于在 applicationContext.xml 中配置使用扫描包形式创建 Mapper 代理对象,那么在 Mybatis-Config.xml 文件中就不需要再配置 Mapper 的路径了,具体配置如下。

```
1  <?xml version="1.0" encoding="UTF-8"?>
2  <!DOCTYPE configuration PUBLIC "-//mybatis.org//DTD Config 3.0//EN"
3  "http://mybatis.org/dtd/mybatis-3-config.dtd">
```

```
4    <configuration>
5    </configuration>
```

（6）将项目运行所需要的 css 文件、assets 文件、js 文件以及 jsp 页面需按照图 6-8 中的组织结构引入到项目中对应的文件夹下，项目源代码将会提供给读者使用，基本都是一些公共文件，会针对实现数据可视化的关键性文件进行详细讲解，部分文件将不做详细描述，下面对各文件夹引入的文件进行简要介绍，如表 6-1～表 6-4 所示。

表 6-1 css 文件

文 件 名 称	相 关 说 明
bootstrap-reset.css、bootstrap.min.css	bootstrap 前端框架
style-responsive.css、style404.css	404.jsp 样式
style.css	index.jsp 样式

表 6-2 assets 文件

文 件 名 称	相 关 说 明
font-awesome	字体样式

表 6-3 js 文件

文 件 名 称	相 关 说 明
echarts.min.js	ECharts 可视化框架
jquery-1.11.3.min.js	JQuery 文件
echarts-wordcloud.js	ECharts 词频插件
index.js	index.jsp 页面的 JS 内容
echarts-view.js	分析结果图形化展示的 JS 内容

表 6-4 jsp 文件

文 件 名 称	相 关 说 明
404.jsp	错误页面
index.jsp	图形化展示页面

至此，开发系统前的环境准备工作就已经完成。

6.4 实现图形化展示功能

本节主要讲解系统前后端的代码实现，将分析结果数据进行可视化展示的功能。前后端交互的数据为 JSON 形式，后端通过将数据库查询的数据封装为 JSON 形式返回给前端。

6.4.1 实现职位区域分布展示

1. 创建实体类

在项目的 cn.itcast.pojo 包中创建 CityPojo 实体类对象,用于封装数据库获取的城市数据,在该类中定义属性的 get()/set()方法,并重写 toString()方法,用于自定义输出信息,如文件 6-5 所示。

文件 6-5　CityPojo.java

```java
1   public class CityPojo {
2       private String city;
3       private int count;
4       public String getCity() {
5           return city;
6       }
7       public void setCity(String city) {
8           this.city = city;
9       }
10      public int getCount() {
11          return count;
12      }
13      public void setCount(int count) {
14          this.count = count;
15      }
16      @Override
17      public String toString() {
18          return "{\"name\":\"" + city
19                  + "\", \"value\":"
20                  + String.valueOf(count) + "}";
21      }
22  }
```

从文件 6-5 可以看出,实体类对象的属性值与 t_city_count 表中字段保持一致。

2. 实现 Dao 层

(1) 在 cn.itcast.mapper 包下创建 DAO 层接口 CityMapper,并在接口中编写查询城市统计数据的方法,如文件 6-6 所示。

文件 6-6　CityMapper.java

```java
1   import java.util.List;
2   import cn.itcast.pojo.CityPojo;
3   public interface CityMapper {
4       public List<CityPojo> selectCity();
5   }
```

(2) 在 mapper 包下创建 MyBatis 映射文件 CityMapper.xml,并在映射文件中编写查询语句,如文件 6-7 所示。

文件 6-7　CityMapper.xml

```xml
1  <?xml version="1.0" encoding="UTF-8"?>
2  <!DOCTYPE mapper PUBLIC "-//mybatis.org//DTD Mapper 3.0//EN"
3  "http://mybatis.org/dtd/mybatis-3-mapper.dtd">
4  <mapper namespace="cn.itcast.mapper.CityMapper">
5      <select id="selectCity" resultType="cn.itcast.pojo.CityPojo">
6          select * from t_city_count order by count;
7      </select>
8  </mapper>
```

上述代码根据需求，编写了一条 SQL 语句，用来查询 t_city_count 表中的所有数据。

3．实现 Service 层

（1）在 cn.itcast.service 包下创建 Service 层接口 CityService，在接口中编写一个获取城市统计数据的方法，如文件 6-8 所示。

文件 6-8　CityService.java

```java
1  public interface CityService {
2      public String getCityData();
3  }
```

（2）在 cn.itcast.service.impl 包下创建 Service 层接口的实现类 CityServiceImpl，在该类中实现接口中的 getCityData()方法，如文件 6-9 所示。

文件 6-9　CityServiceImpl.java

```java
1   import java.util.ArrayList;
2   import java.util.List;
3   import org.springframework.beans.factory.annotation.Autowired;
4   import org.springframework.stereotype.Service;
5   import com.fasterxml.jackson.core.JsonProcessingException;
6   import com.fasterxml.jackson.databind.ObjectMapper;
7   import cn.itcast.mapper.CityMapper;
8   import cn.itcast.pojo.CityPojo;
9   import cn.itcast.service.CityService;
10  @Service
11  public class CityServiceImpl implements CityService {
12      @Autowired
13      private CityMapper mapper;
14      @Override
15      public String getCityData() {
16          List<CityPojo> lists = mapper.selectCity();
17          List<String> resultData = new ArrayList<String>();
18          for (CityPojo cityPojo : lists) {
19              resultData.add(cityPojo.toString());
20          }
21          ObjectMapper om = new ObjectMapper();
22          String beanJson = null;
```

```
23        try {
24            beanJson = om.writeValueAsString(resultData);
25        } catch (JsonProcessingException e) {
26            e.printStackTrace();
27        }
28        return beanJson;
29    }
30 }
```

上述代码中，将查询的数据放入 resultData 集合中，这样就可以利用 Jackson 工具类中 ObjectMapper 对象的 writeValueAsString() 方法将集合转换成 JSON 格式的数据并发送给前端。

4. 实现 Controller 层

在 cn.itcast.controller 包下创建 controller 层的实现类 IndexController，如文件 6-10 所示。

文件 6-10　IndexController.java

```
1  import org.springframework.beans.factory.annotation.Autowired;
2  import org.springframework.stereotype.Controller;
3  import org.springframework.web.bind.annotation.RequestMapping;
4  import org.springframework.web.bind.annotation.ResponseBody;
5  import cn.itcast.service.CityService;
6  @Controller
7  public class IndexController {
8      @Autowired
9      private CityService cityService;
10     @RequestMapping("/index")
11     public String showIndex() {
12         return "index";
13     }
14     @RequestMapping(value ="/city",
                      produces = "application/json;charset=UTF-8")
15     @ResponseBody
16     public String getCity() {
17         String data = cityService.getCityData();
18         return data;
19     }
20 }
```

从文件 6-10 看出，第 16～19 行代码在 getCity() 方法中通过 cityService 对象调用 getCityData() 方法将 JSON 格式数据返回给前端并定义实现城市数据可视化页面时前端请求后端获取数据的指定参数为"/city"。

5. 实现页面展示

在 echarts-view.js 文件中创建 city() 方法，通过在 index.jsp（首页）的职位区域分布按钮下调用 city() 方法，实现职位区域分析的可视化展示，核心 js 代码片段如文件 6-11 所示。

文件 6-11 echarts-view.js

```javascript
1  /**
2   *
3   * 获取职位全国分布数据生成饼状图
4   */
5  function city(){
6      var JsonSeries =[];
7      document.getElementById("dataView").className ='general';
8      var dataViewcharts
9          =echarts.init(document.getElementById('dataView'));
10     var dataViewoption = {
11         title : {
12             text: '职位区域分布',
13             subtext: '',
14             x:'center'
15         },
16         tooltip : {
17             trigger: 'item',
18             formatter: "{a} <br/>{b} : {c} ({d}%)"
19         },
20         legend: {
21             orient : 'vertical',
22             x : 'left',
23             data:[]
24         },
25         toolbox: {
26             show : true,
27             feature : {
28                 mark : {show: true},
29                 dataView : {show: true, readOnly: false},
30                 magicType : {
31                     show: true,
32                     type: ['pie', 'funnel'],
33                     option: {
34                         funnel: {
35                             x: '25%',
36                             width: '50%',
37                             funnelAlign: 'left',
38                             max: 1548
39                         }
40                     }
41                 },
42                 restore : {show: true},
43                 saveAsImage : {show: true}
44             }
45         },
46         calculable : true,
47         series : [
48             {
```

```
49                name:'职位所在区域',
50                type:'pie',
51                radius : '55%',
52                center: ['50%', '60%'],
53                data:[]
54            }]
55        };
56        //异步加载数据
57        $ .get('http://localhost:8080/city').done(function(data) {
58            data.forEach(function(element) {
59                JsonSeries.push(JSON.parse(element));
60            });
61            dataViewoption.series[0].data =JsonSeries;
62            dataViewoption.legend.data =JsonSeries;
63            dataViewcharts.clear();
64            dataViewcharts.setOption(dataViewoption);
65        });
66    }
```

从上述代码片段可以看出,第 7~9 行代码设置 id 为"dataView"的标签样式名为 general,并通过 echarts.init 创建实例容器;第 10~55 行代码加载 ECharts 饼状图模板;第 57~64 行代码通过 Ajax 异步请求获取 JSON 数据,并将 JSON 数据动态填充到饼状图模板,通过 setOption 将填充数据的饼状图加载到容器中实现数据可视化功能。

6.4.2 实现薪资分布展示

1. 创建持久化类

在项目的 cn.itcast.pojo 包中创建 SalaryPojo 实体类对象用于封装数据库获取的薪资数据,在该类中定义属性的 get()/set()方法,并重写 toString()方法自定义输出信息,如文件 6-12 所示。

文件 6-12　SalaryPojo.java

```
1  public class SalaryPojo {
2      private String salary;
3      private int count;
4      public String getSalary() {
5          return salary;
6      }
7      public void setSalary(String salary) {
8          this.salary =salary;
9      }
10     public int getCount() {
11         return count;
12     }
13     public void setCount(int count) {
14         this.count =count;
15     }
```

```
16      @Override
17      public String toString() {
18          return "{\"name\":\"" +salary
19                  +"\", \"value\":"
20                  +String.valueOf(count) +"}";
21      }
22  }
```

从文件 6-12 可以看出，实体类对象的属性值与 t_salary_dist 表中字段保持一致。

2. 实现 DAO 层

（1）在 cn.itcast.mapper 包下创建 DAO 层接口 SalaryMapper，并在接口中编写查询薪资区间分布数据的方法，如文件 6-13 所示。

文件 6-13　SalaryMapper.java

```
1  import java.util.List;
2  import cn.itcast.pojo.SalaryPojo;
3
4  public interface SalaryMapper {
5      public List<SalaryPojo>selectSalary();
6  }
```

（2）在 mapper 包下创建 MyBatis 映射文件 SalaryMapper.xml，并在映射文件中编写 SQL 查询语句，如文件 6-14 所示。

文件 6-14　SalaryMapper.xml

```
1  <?xml version="1.0" encoding="UTF-8"?>
2  <!DOCTYPE mapper PUBLIC "-//mybatis.org//DTD Mapper 3.0//EN"
3  "http://mybatis.org/dtd/mybatis-3-mapper.dtd">
4  <mapper namespace="cn.itcast.mapper.SalaryMapper">
5      <select id="selectSalary" resultType="cn.itcast.pojo.SalaryPojo">
6          select * from t_salary_dist ORDER BY salary;
7      </select>
8  </mapper>
```

上述代码根据需求，编写了一条 SQL 语句，用来查询 t_salary_dist 表中的所有数据。

3. 实现 Service 层

（1）在 cn.itcast.service 包下创建 Service 层接口 SalaryService，在接口中编写获取薪资区间分布数据的方法，如文件 6-15 所示。

文件 6-15　SalaryService.java

```
1  public interface SalaryService {
2      public String getSalaryData();
3  }
```

（2）在 cn.itcast.service.impl 包下创建 Service 层接口的实现类 SalaryServiceImpl，在该类中实现接口中的 getSalaryData() 方法，如文件 6-16 所示。

文件 6-16　SalaryServiceImpl.java

```
1   import java.util.ArrayList;
2   import java.util.List;
3   import org.springframework.beans.factory.annotation.Autowired;
4   import org.springframework.stereotype.Service;
5   import org.springframework.transaction.annotation.Transactional;
6   import com.fasterxml.jackson.core.JsonProcessingException;
7   import com.fasterxml.jackson.databind.ObjectMapper;
8   import cn.itcast.mapper.SalaryMapper;
9   import cn.itcast.pojo.SalaryPojo;
10  import cn.itcast.service.SalaryService;
11  @Service
12  public class SalaryServiceImpl implements SalaryService {
13      @Autowired
14      private SalaryMapper mapper;
15      @Transactional
16      public String getSalaryData() {
17          List<SalaryPojo>lists =mapper.selectSalary();
18          List<String>resultData =new ArrayList<String>();
19          for (SalaryPojo salaryPojo : lists) {
20              resultData.add(salaryPojo.toString());
21          }
22          ObjectMapper om =new ObjectMapper();
23          String beanJson =null;
24          try {
25              beanJson =om.writeValueAsString(resultData);
26          } catch (JsonProcessingException e) {
27              e.printStackTrace();
28          }
29          return beanJson;
30      }
31  }
```

上述代码中，将查询的数据放入 resultData 集合中，这样就可以利用 Jackson 工具类中 ObjectMapper 对象的 writeValueAsString() 方法将集合转换成 JSON 格式的数据发送给前端。

4．实现 Controller 层

在已有的 Controller 层实现类 IndexController 中创建 getSalary() 方法，实现将数据库获取的薪资数据以 JSON 数据形式返回前端，如文件 6-17 所示。

文件 6-17　IndexController.java

```
1   @Autowired
2   private SalaryService salaryService;
3   @RequestMapping(value ="/salary",
4           produces ="application/json;charset=UTF-8")
```

```
5   @ResponseBody
6   public String getSalary() {
7       String data =salaryService.getSalaryData();
8   return data;
9   }
```

5. 实现页面展示

在已有的 echarts-view.js 文件中创建 salary() 方法，实现薪资区间分布数据的可视化功能，核心 JS 代码片段如文件 6-18 所示。

文件 6-18　echarts-view.js

```
1   /**
2    *
3    * 获取工资分段数据生成柱状图
4    */
5   function salary(){
6       document.getElementById("dataView").className ='general';
7       var dataViewcharts
8           =echarts.init(document.getElementById('dataView'));
9       var dataViewoption ={
10              title : {
11                  text: '全国大数据职位薪资区间分布',
12                  subtext: ''
13              },
14              tooltip : {
15                  trigger: 'axis'
16              },
17              legend: {
18                  data:['薪资区间']
19              },
20              toolbox: {
21                  show : true,
22                  feature : {
23                      mark : {show: true},
24                      dataView : {show: true, readOnly: false},
25                      magicType : {show: true, type: ['line', 'bar']},
26                      restore : {show: true},
27                      saveAsImage : {show: true}
28                  }
29              },
30              calculable : true,
31              xAxis : [
32                  {
33                      type : 'category',
34                      data : []
35                  }
36              ],
```

```
37                yAxis : [
38                    {
39                        type : 'value'
40                    }
41                ],
42                series : [
43                    {
44                        name:'薪资区间',
45                        type:'bar',
46                        data:[],
47                        markPoint : {
48                            data : [
49                                {type : 'max', name: '最大值'},
50                                {type : 'min', name: '最小值'}
51                            ]
52                        }
53                    }]
54            };
55    var JsonxAxis = [];
56    var JsonSeries = [];
57    //异步加载数据
58    $ .get('http://localhost:8080/salary').done(function(data) {
59       data.forEach(function(element) {
60          for(var key in JSON.parse(element)){
61             if(key =='name'){
62                JsonxAxis.push(JSON.parse(element)[key]);
63             }else{
64                JsonSeries.push(JSON.parse(element)[key]);
65             }
66          }
67       });
68       dataViewoption.xAxis[0].data = JsonxAxis;
69       dataViewoption.series[0].data = JsonSeries;
70       dataViewcharts.clear();
71       dataViewcharts.setOption(dataViewoption);
72    });
73 }
```

上述代码中,第 60～71 行通过判断 JSON 数据中的 Key 值,将数据中 Key 为"name"的值放入到 JsonxAxis 数组中,将 Key 为非"name"的值放入到 JsonSeries 数组中。

6.4.3 实现福利标签词云图

1. 创建持久化类

在项目的 cn.itcast.pojo 包中创建 CompanyPojo 实体类对象用于封装数据库获取的福利标签数据,在该类中定义属性的 get()/set()方法,并重写 toString()方法自定义输出信息,如文件 6-19 所示。

文件 6-19　CompanyPojo.java

```
1   public class CompanyPojo {
2       private int count;
3       private String company;
4       public String getCompany() {
5           return company;
6       }
7       public void setCompany(String company) {
8           this.company = company;
9       }
10      public int getCount() {
11          return count;
12      }
13      public void setCount(int count) {
14          this.count = count;
15      }
16      @Override
17      public String toString() {
18          return "{\"name\":\"" + company
19                  + "\", \"value\":"
20                  + String.valueOf(count) + "}";
21      }
22  }
```

从文件 6-19 可以看出，实体类对象的属性值与 t_company_count 表中字段保持一致。

2．实现 DAO 层

（1）在 cn.itcast.mapper 包下创建 DAO 层接口 CompanyMapper，并在接口中编写查询福利标签统计数据的方法，如文件 6-20 所示。

文件 6-20　CompanyMapper.java

```
1   import java.util.List;
2   import cn.itcast.pojo.CompanyPojo;
3
4   public interface CompanyMapper {
5       public List<CompanyPojo> selectCompany();
6   }
```

（2）在 mapper 包下创建 MyBatis 映射文件 CompanyMapper.xml，并在映射文件中编写 SQL 查询语句，如文件 6-21 所示。

文件 6-21　CompanyMapper.xml

```
1   <?xml version="1.0" encoding="UTF-8"?>
2   <!DOCTYPE mapper PUBLIC "-//mybatis.org//DTD Mapper 3.0//EN"
```

```
3      "http://mybatis.org/dtd/mybatis-3-mapper.dtd">
4   <mapper namespace="cn.itcast.mapper.CompanyMapper">
5     <select id="selectCompany" resultType="cn.itcast.pojo.CompanyPojo">
6       select *
7       from t_company_count;
8     </select>
9   </mapper>
```

上述代码根据需求,编写了一条 SQL 语句,用来查询 t_company_count 表中的所有数据。

3. 实现 Service 层

(1) 在 cn.itcast.service 包下创建 Service 层接口 CompanyService,在接口中编写获取福利标签统计数据的方法,如文件 6-22 所示。

文件 6-22　CompanyService.java

```
1  public interface CompanyService {
2      public String getCompanyData();
3  }
```

(2) 在 cn.itcast.service.impl 包下创建 Service 层接口的实现类 CompanyServiceImpl,在该类中实现接口中的 getCompanyData()方法,如文件 6-23 所示。

文件 6-23　CompanyServiceImpl.java

```
1   import java.util.ArrayList;
2   import java.util.List;
3   import org.springframework.beans.factory.annotation.Autowired;
4   import org.springframework.stereotype.Service;
5   import org.springframework.transaction.annotation.Transactional;
6   import com.fasterxml.jackson.core.JsonProcessingException;
7   import com.fasterxml.jackson.databind.ObjectMapper;
8   import cn.itcast.mapper.CompanyMapper;
9   import cn.itcast.pojo.CompanyPojo;
10  import cn.itcast.service.CompanyService;
11  @Service
12  public class CompanyServiceImpl implements CompanyService {
13      @Autowired
14      private CompanyMapper mapper;
15      @Transactional
16      public String getCompanyData(){
17          List<CompanyPojo> lists =mapper.selectCompany();
18          List<String> resultData =new ArrayList<String>();
19          for (CompanyPojo companyPojo : lists) {
20              resultData.add(companyPojo.toString());
21          }
22          ObjectMapper om =new ObjectMapper();
23          String beanJson =null;
```

```
24      try {
25          beanJson =om.writeValueAsString(resultData);
26      } catch (JsonProcessingException e) {
27          e.printStackTrace();
28      }
29      return beanJson;
30  }
31 }
```

上述代码中，将查询的数据放入 resultData 集合中，这样就可以利用 Jackson 工具类中 ObjectMapper 对象的 writeValueAsString() 方法将集合转换成 JSON 格式的数据发送给前端。

4. 实现 Controller 层

在已有的 Controller 层实现类 IndexController 中通过实现 getCompany() 方法将福利标签统计数据返回前端，如文件 6-24 所示。

文件 6-24　IndexController.java

```
1  @Autowired
2  private CompanyService companyService;
3
4  @RequestMapping(value ="/company",
5          produces ="application/json;charset=UTF-8")
6  @ResponseBody
7  public String getCompany() {
8      String data =companyService.getCompanyData();
9      return data;
10 }
```

5. 实现页面展示

在已有的 echarts-view.js 文件中创建 company() 方法，实现福利标签数据生成词云图功能，核心 JS 代码片段如文件 6-25 所示。

文件 6-25　echarts-view.js

```
1  /**
2   *
3   * 获取福利标签数据生成词云
4   */
5  function company(){
6      document.getElementById("dataView").className ='general';
7      var dataViewcharts
8          =echarts.init(document.getElementById('dataView'));
9      var dataViewoption ={
10         title: {
11             text: '福利标签分析',
12             x: 'center',
13             textStyle: {
```

```
14                fontSize: 23,
15                color:'#FFFFFF'
16            }
17        },
18        tooltip: {
19            show: true
20        },
21        series: [{
22            name: '福利标签分析',
23            type: 'wordCloud',
24            sizeRange: [6, 66],
25            rotationRange: [-45, 90],
26            textPadding: 0,
27            autoSize: {
28                enable: true,
29                minSize: 6
30            },
31            textStyle: {
32                normal: {
33                    color: function() {
34                        return 'rgb(' +[
35                            Math.round(Math.random() * 160),
36                            Math.round(Math.random() * 160),
37                            Math.round(Math.random() * 160)
38                        ].join(',') +')';
39                    }
40                },
41                emphasis: {
42                    shadowBlur: 10,
43                    shadowColor: '#333'
44                }
45            },
46            data: []
47        }]
48    };
49    var JosnList =[];
50        //异步加载数据
51    $.get('http://localhost:8080/company').done(function(data) {
52        data.forEach(function(element) {
53            JosnList.push(JSON.parse(element));
54        });
55        dataViewoption.series[0].data = JosnList;
56        dataViewcharts.clear();
57        dataViewcharts.setOption(dataViewoption);
58    });
59 }
```

上述代码中,第51~57行代码通过Ajax异步加载获取后端发送过来的数据,将这些数据加载到ECharts词云图配置参数series中,从而通过参数series配置ECharts词云图数据的属性data。

6.4.4 实现技能标签词云图

1. 创建持久化类

在项目的 cn.itcast.pojo 包中创建 KillPojo 实体类对象用于封装数据库获取的技能标签数据，在该类中定义属性的 get()/set() 方法，并重写 toString() 方法自定义输出信息，如文件 6-26 所示。

文件 6-26　KillPojo.java

```java
1  public class KillPojo {
2      private String kills;
3      private int count;
4      public String getKills() {
5          return kills;
6      }
7      public void setKills(String kills) {
8          this.kills = kills;
9      }
10     public int getCount() {
11         return count;
12     }
13     public void setCount(int count) {
14         this.count = count;
15     }
16     @Override
17     public String toString() {
18         return "{\"name\":\"" + kills
19                 +"\", \"value\":"
20                 +String.valueOf(count) +"}";
21     }
22 }
```

从文件 6-26 可以看出，实体类对象的属性值与 t_kill_count 表中字段保持一致。

2. 实现 DAO 层

（1）在 cn.itcast.mapper 包下创建 DAO 层接口 KillMapper，并在接口中编写查询技能标签统计数据的方法，如文件 6-27 所示。

文件 6-27　KillMapper.java

```java
1  import java.util.List;
2  import cn.itcast.pojo.KillPojo;
3  public interface KillMapper {
4      public List<KillPojo> selectKill();
5  }
```

（2）在 mapper 包下创建 MyBatis 映射文件 KillMapper.xml，并在映射文件中编写 SQL 查询语句，如文件 6-28 所示。

文件 6-28　KillMapper.xml

```xml
1  <!DOCTYPE mapper PUBLIC "-//mybatis.org//DTD Mapper 3.0//EN"
2  "http://mybatis.org/dtd/mybatis-3-mapper.dtd">
3  <mapper namespace="cn.itcast.mapper.KillMapper">
4      <select id="selectKill" resultType="cn.itcast.pojo.KillPojo">
5          select * from t_kill_count;
6      </select>
7  </mapper>
```

上述代码根据需求,编写了一条 SQL 语句,用来查询 t_kill_count 表中的所有数据。

3. 实现 Service 层

(1) 在 cn.itcast.service 包下创建 Service 层接口 KillService,在接口中编写获取技能标签统计数据的方法,如文件 6-29 所示。

文件 6-29　KillService.java

```java
1  public interface KillService {
2      public String getKillData();
3  }
```

(2) 在 cn.itcast.service.impl 包下创建 Service 层接口的实现类 KillServiceImpl,在该类中实现接口中的 getKillData()方法,如文件 6-30 所示。

文件 6-30　KillServiceImpl.java

```java
1  import java.util.ArrayList;
2  import java.util.List;
3  import org.springframework.beans.factory.annotation.Autowired;
4  import org.springframework.stereotype.Service;
5  import org.springframework.transaction.annotation.Transactional;
6  import com.fasterxml.jackson.core.JsonProcessingException;
7  import com.fasterxml.jackson.databind.ObjectMapper;
8  import cn.itcast.mapper.KillMapper;
9  import cn.itcast.pojo.KillPojo;
10 import cn.itcast.service.KillService;
11 @Service
12 public class KillServiceImpl implements KillService {
13     @Autowired
14     private KillMapper mapper;
15     @Transactional
16     public String getKillData() {
17         List<KillPojo> lists = mapper.selectKill();
18         List<String> resultData = new ArrayList<String>();
19         for (KillPojo killPojo : lists) {
20             resultData.add(killPojo.toString());
21         }
```

```
22      ObjectMapper om = new ObjectMapper();
23      String beanJson = null;
24      try {
25          beanJson = om.writeValueAsString(resultData);
26      } catch (JsonProcessingException e) {
27          e.printStackTrace();
28      }
29      return beanJson;
30  }
31 }
```

上述代码中,第 17 行代码将数据库获取的数据放入 lists 集合中;第 19~21 行代码遍历 lists 集合利用实体类中重写的 toString()方法组合每一条数据并放入 resultData 数组集合中;第 25 行代码利用 writeValueAsString()方法将集合转换成 JSON 格式的数据。

4. 实现 Controller 层

在已有的 Controller 层实现类 IndexController 中通过实现 getKill()方法将技能标签统计数据返回前端,如文件 6-31 所示。

文件 6-31

```
1  @Autowired
2  private KillService killService;
3  @RequestMapping(value = "/kill",
4          produces = "application/json;charset=UTF-8")
5  @ResponseBody
6  public String getKill() {
7      String data = killService.getKillData();
8      return data;
9  }
```

5. 实现页面展示

在已有的 echarts-view.js 文件中创建 kill()方法实现技能标签数据生成词云图功能,核心 JS 代码片段如文件 6-32 所示。

文件 6-32

```
1  function kill(){
2      document.getElementById("dataView").className = 'general';
3      var dataViewcharts
4          = echarts.init(document.getElementById('dataView'));
5      var dataViewoption = {
6          title: {
7              text: '技能标签分析',
8              x: 'center',
9              textStyle: {
10                 fontSize: 23,
```

```javascript
11                  color:'#FFFFFF'
12              }
13          },
14          tooltip: {
15              show: true
16          },
17          series: [{
18              name: '技能标签分析',
19              type: 'wordCloud',
20              sizeRange: [6, 66],
21              rotationRange: [-45, 90],
22              textPadding: 0,
23              autoSize: {
24                  enable: true,
25                  minSize: 6
26              },
27              textStyle: {
28                  normal: {
29                      color: function() {
30                          return 'rgb(' +[
31                              Math.round(Math.random() * 160),
32                              Math.round(Math.random() * 160),
33                              Math.round(Math.random() * 160)
34                          ].join(',') +')';
35                      }
36                  },
37                  emphasis: {
38                      shadowBlur: 10,
39                      shadowColor: '#333'
40                  }
41              },
42              data: []
43          }]
44      };
45      var JosnList =[];
46
47      //异步加载数据
48      $ .get('http://localhost:8080/kill').done(function(data) {
49          data.forEach(function(element) {
50              JosnList.push(JSON.parse(element));
51          });
52          dataViewoption.series[0].data = JosnList;
53          dataViewcharts.clear();
54          dataViewcharts.setOption(dataViewoption);
55      });
56  }
```

上述代码中，实现技能标签词云图展示与福利标签词云图的实现基本一致，这里就不再做讲解。

6.4.5 平台可视化展示

至此,已完成招聘网站职位分析可视化系统的环境准备及代码实现,下面讲解如何通过 Eclipse 开发工具启动该系统查看可视化结果。

在 Eclipse 开发工具中,右键单击 job-web 项目,选择 Run As→Maven build,在 Goals 文本框输入"tomcat7:run"启动 Tomcat 服务,待项目启动完成后,在浏览器的地址栏输入 http://localhost:8080/index.html 网址,即可打开招聘网站职位分析可视化系统主界面,通过展开左侧导航栏,单击对应的分析按钮查看展示效果,如图 6-9~图 6-12 所示。

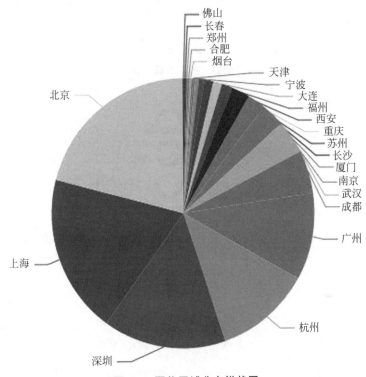

图 6-9 职位区域分布饼状图

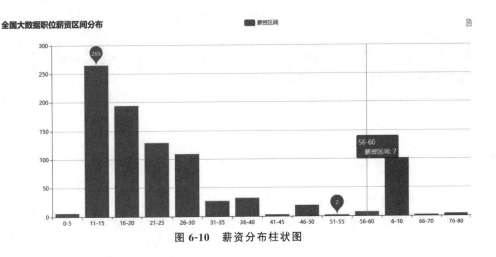

图 6-10 薪资分布柱状图

图 6-11 福利标签词云图

图 6-12 技能标签词云图

通过观察图 6-9 职位区域分布饼状图中各个扇区的大小,了解每个城市招聘的职位数在全国数据中所占的比例。

通过观察图 6-10 薪资分布柱状图各个柱形的长度,了解全国大数据薪资区间的分布情况。

通过观察图 6-11 福利标签词云图中每个词语出现的大小,了解全国招聘大数据公司的福利主要集中在哪几个方面。

通过观察图 6-12 技能标签词云图中每个词语出现的大小,了解全国招聘大数据的公司主要要求求职者需要掌握哪些技能。

至此,招聘网站职位分析可视化系统搭建完成,通过系统的可视化展示可以更加清晰地观察数据。

小结

本章主要讲解数据可视化,使用 SSM 框架(Spring、Spring MVC 和 MyBatis)、JQuery 和 ECharts 图表库等网页开发技术对数据分析结果进行可视化展示。通过本章学习,读者将掌握开发网页应用的总体流程,在网页中以图表形式对分析结果进行可视化呈现。

图书资源支持

感谢您一直以来对清华版图书的支持和爱护。为了配合本书的使用,本书提供配套的资源,有需求的读者请扫描下方的"书圈"微信公众号二维码,在图书专区下载,也可以拨打电话或发送电子邮件咨询。

如果您在使用本书的过程中遇到了什么问题,或者有相关图书出版计划,也请您发邮件告诉我们,以便我们更好地为您服务。

我们的联系方式:

地　　址:北京市海淀区双清路学研大厦 A 座 714

邮　　编:100084

电　　话:010-83470236　010-83470237

客服邮箱:2301891038@qq.com

QQ:2301891038(请写明您的单位和姓名)

资源下载: 关注公众号"书圈"下载配套资源。

资源下载、样书申请

书圈

图书案例

清华计算机学堂

观看课程直播